反噬的AI、走鐘的運算，
當演算法出了錯，
人類還能控制它嗎？

打開演算法黑箱

How to Be Human
in the Age
of the Machine

Hello World

Hannah Fry 漢娜・弗萊——著　林志懋——譯

這真是一本好書，解開「演算法」這個時髦科技魔法箱子!!

《打開演算法黑箱》這個書名就非常吸引人，彷彿告訴你可以解答許多黑色魔法的祕密，其實「演算法」這個名詞已經在學術界、產業界長久以來應用於蒐集到的資料來進行分析及相關預測，最常見於醫療診斷、司法體系、新興的商業購物及帶有大量政治爭議性的民主選舉操作。為何這幾年來任何一種方案只要加上「機器學習」、「人工智慧」、「類神經網路系統」等字樣，似乎這個方案就有了魔法般，馬上成為行業中權威的代名詞？人類似乎知曉自身的缺陷（決策帶有情感、無法長期處理單一重複動作），而將完美的解決方案投射於一台能夠自我學習成長又永遠不帶情緒、喜好偏見的自動化電腦！然而大家卻不知道每一種演算法的ＳＯＰ及邏輯推理都是設計者（人類專家）預先設定的啊！

當然機器學習後的演算法一定是可以幫助人類解決大部分消耗腦力判斷的工作，也一定能大幅提升生活的品質甚至到更高的境界，然而如果演算邏輯的設定來自於人類，那麼意味著每一台機器的決策思考點是否又面臨著道德的風險與矛盾呢？因為每個演算邏輯設計者就還是生命中伴隨著喜怒哀樂成長歷程的你跟我啊！

對於想要了解「演算法」是什麼、演算法為何能夠成為科技新魔法的你，絕對是你不能錯過的一本好書。

——**丁彥允**　喜門史塔雷克創辦人兼總經理

在《打開演算法黑箱》這本著作中，作者漢娜．弗萊搭配生動的真實案例，告訴我們資料和機器學習型演算法如何改變現代生活的每一個層面，從司法體系、醫療保健、無人駕駛車，到犯罪預測及防範、藝術創作等，以及人類該如何因應。作者藉著多個依賴演算法做決定而造成傷害的故事，說明不要盡信人工智慧機器的權威。她建議演算法和人類以夥伴關係一起合作，善用彼此的強項，並且互相提升彼此的能力。此外，作者提到免費的演算法正刺探我們的隱私，蒐集及運用個人資料以獲利，也因此歐盟已立法制定了「一般資料保護規則」。她也提及一些瀏覽器已有內建的「智慧防追蹤」。我們應該敦促政府檢討及修正「個人資料保護法」，更完善保障個人隱私及消費者權益。總括而言，這本著作提醒我們在享受人工智慧機器帶來更便利的生活之餘，也要思考人類在這智慧時代的定位。

——**王國禎**　國立交通大學資訊工程學系教授

如作者所言：未來，不是偶然，而是你我使然。人工智慧因人而生，這次將徹底改寫人類的未來。

——**李友專**　臺北醫學大學醫學科技學院特聘教授兼院長

《打開演算法黑箱》這本書不斷交錯著兩種正反互駁的觀點：演算法可以很厲害，也可能犯很愚笨的錯誤；信任它可能可以走得很遠，但盲目的信任往往會導致巨大的災害；它往往複雜得難以解釋，但卻不是不可能被操弄；它可以帶給人類更美好的生活，但是也同時帶來隱私與安全上的隱憂。在人工智慧的世代，人類如何能善用之並與其和平共處，相信讀者從這本書中可以找到許多的啟發。

——**林守德**　國立臺灣大學資訊工程學系教授

生活科技培養設計思考。

資訊科技培養演算思維。

這是最新十二年國教中學資訊教育的兩門課程。《打開演算法黑箱》這本書啟迪我們學習如何思考設計演算法，適合做為科技教育的必讀選材。

演算法是讓電腦按照步驟執行大量演算的指令清單。演算法清一色是數學運算：運用方程式、算術、代數、微積分、邏輯和機率等，並轉譯成電腦編碼。這是為什麼在AI的時代，先進國家一再強調未來數學基礎好的人才是社會最需要的。

演算法已滲透到我們的各種日常。本書從權力的觀點，控制與被控制的角度做為上位綱領，以實例深入剖析司法判刑、醫療診斷、自駕車的倫理、犯罪預期、藝術仿真等既已發生的議題，跨越科技領域，從心理學、社會學、法學、醫學、音樂、美術、文學等等，穿透力十足的整理、論辯，引領我們思考，人類與機器的強項必須如何協調整合才能讓「演算法的整體淨效益成為社會健康發展的正能量」。這本書是大學通識教育的優良教材。

作者數學家漢娜．弗萊她嚴謹論證的特質，在本書的撰寫上充分的延伸發揮了。這是一本超越休閒性的科普讀物，生活在數位AI時代，必讀！

——**林福來** 臺灣師範大學名譽教授

本書說的機器，已經不再是工業時代靠著機構與內燃機哐啷作響的生產設備，而是在看得見的你我手上的手機、車上的微電腦主機板，或是也許在遠的、看不見的機房裡，用許多方式組成或大或小的資訊設備。它們不太做實際的「動作」，但實際上以某種「難以名之」的方式，影響了在這個社會裡能動作的人——我們。這種難以看見接觸，高度專業性，同時也被鑲嵌在龐大技術系統裡的資訊運作，對於廣大的一般人來說，是難以想像的黑箱。黑箱雖並不直接等於惡或是無法挑戰的霸權，我們首先必須能意識到黑箱的存在，並且對黑箱中運作的技術有興趣，時時不斷地保持敏銳與好奇，對於生活在資訊時代的這個人生，堅持一些重要做為人的價值。

資訊科學的興起是奠基在數學上。博士時期以數學角度研究流體學領域微小液滴變形的漢娜・弗萊，之後以討論各種生活中常見的事物，推廣公眾對數學的興趣，在二〇一八年獲得 Christopher Zeeman Medal for Communication of Mathematics 的肯定。《打開演算法黑箱》以各種發生過的實例，從說明及分析基礎的數學邏輯——演算法——如何與在事件中的人互動，提點出這個時代做為一個人的挑戰，與任務。

人工智慧（AI）有沒有智慧很難斷定，但確是實實在在地滿載了演算法和繁重（發展演算法和應用演算法）的工人（labour）時數的努力；談演算法的書沒有數學公式，但敘說了過去數學邏輯與社會運作人類生活種種幸與不幸的交織。新世界如何美麗？我們如何拆解黑箱、透明化黑箱，甚至從頭開始建立民主、開放的，根本沒有「箱」的知識系統？

這是一本寫給人的書，寫給黑箱外、也是寫給黑箱裡的人看的書。在台灣學術、教育領域正極力推展AI做為新顯學的今日，出生在這個時代的年輕天然資訊人，曾經經歷過，或參與過，演算法從解一個小的偏微分方程，到協助今日鋪天蓋地的臉部辨識、自駕技術的蓬勃發展與運用的中年世代，還有在農業時代成長、在資訊時代成熟的所有人，這是寫給你的書。

——**洪文玲**　台灣科技與社會研究學會理事長

科技時代，AI做為一種選項，我們應該考量的不是「用」或者「不用」，而是「怎麼用」。要回答這個問題，我們需要知道AI可以「做什麼」。在這點上，本書無疑是成功的。漢娜．弗萊從具體案例出發，透過平易近人的口吻，向我們展示演算法早已是日常生活中不可或缺的一環，時刻影響著我們的選擇。如果你仍認為人生掌握在自己手中，我會強烈建議你讀讀這本書。

——**張智皓**　《今天學哲學了沒》作者

人工智慧或演算法對於司法裁判的影響爭論已久，從二〇一六年開始，法律人和科技人對於司法的判決，由人類法官決定，或是由演算法來決定何者更優，雙方各執一詞爭論不休。

如果你對於只從片面的角度探討這個問題，拉抬自己認同的驕傲專業感到厭煩，那麼應該來看看這本書。

作者客觀的評價了演算法和司法系統的衝突與矛盾，沒有高估了科技，也沒有低估人與人之間的矛盾對於制度的影響，真實的評價了人類社會一個真實的糾結：「我們不喜歡錯誤，但不可否認的，錯誤是人類社會的一部分」。

——**郭榮彥**　Lawsnote 創辦人、律師

進入人工智慧時代，我們該如何規範人工智慧，或甚至反過來說，人工智慧該如何規範我們，是不容迴避的課題。本書透過大量案例顯示，人們不完全理解我們部署的系統潛在危險。當前的機器學習運行得如此之快，以至於沒有人真正知道機器是如何做出決策，甚至連開發人員也不知道。這些系統還會持續從環境中學習並更新他們的函式，使研究人員更難控制和理解決策過程。在這樣缺乏透明度的黑盒子問題籠罩下，要建立道德準則跟規範，當然就極為困難。但人類的專家有的偏見跟偏誤，更是早就被證實有更大的問題，而我們不也是一直倚賴這樣有缺陷的系統在運作嗎？你跟我若是在運氣不好，在不久後的某一天上法庭，非常有可能是接受機器法官的判決。身為人類，你認為下一步該怎麼做呢？看完這本書，我想你會對於這個難題有個好答案。

——**鄭國威**　泛科知識公司知識長

獻給瑪莉．弗萊（Marie Fry）

謝謝妳從不對我說不

目次

關於書名的一個註解

七歲那年，爸爸買了個禮物回家，送給我和姊妹們。那是一台 ZX Spectrum，一部八位元小電腦——我們破天荒有了自己的電腦。這部電腦進我家門那時，大概已經閒置五年，即便是二手的，我當下就認為這台小不拉嘰的機器有其神奇之處。Spectrum 大約和 Commodore 64（康懋達 64）是同等級（鄰居中只有真正家境好的小孩才能擁有其中一款），但我始終認為，Spectrum 是一頭遠比 Commodore 64 更加美麗的珍禽異獸。光潔滑亮的黑色膠殼拿在手裡剛剛好，灰色橡膠按鍵滿貼心的，邊角上斜跨著彩虹帶。

對我來說，ZX Spectrum 的到來，標識著一個值得紀念的夏日開端。那個夏天都和我姊在閣樓裡度過，寫絞刑架謎題（hangman puzzle）*的程式讓對方猜，或是以字碼畫簡單圖形。不過，這種種的「高階」活動要晚一點才會有。首先，我們得掌握基本技巧。

回頭想想，我不是很記得自己是在什麼時候寫出有生以來第一個電腦程式，但我滿確定是什麼樣的程式。和我在倫敦大學學院教我班上所有學生寫過的那個簡單程式，應該是同一個；幾乎任何一本電腦科學入門教科書翻開第一頁，你找到的同樣是那一個。因為所有曾學過編碼的人有一個傳統——幾乎是一種入門儀式了。你身為新手的第一項任務，就是寫個程式讓電腦在螢幕上閃出那句名言：

HELLO WORLD

這是一個上溯一九七〇年代的傳統，當時布萊恩．柯尼漢（Brian Kernighan）†把這句話放進他那本轟動暢銷的電腦程式教科書裡，當作教學範例。[1]這本書——連同這句話——標識著電腦史上的重要時刻。微處理器才剛站上舞台，預告著電腦將從過去的樣貌——龐然大物、專業人士使用的偉大機器，以打孔卡為食，還有打印紙帶——轉變為更近似我們慣用的個人電腦，有螢幕、鍵盤和一閃一閃的指標。就在你和自己的電腦閒聊成為一種可能的第一時間點，「Hello World」（你好，世界）出現了。

幾年之後，柯尼漢告訴《富比士》雜誌（*Forbes*）的採訪記者，這句話的靈感是怎麼來的。他曾看過一部卡通，裡頭有一顆蛋，還有一隻剛孵出來的小雞，一出生就唧唧啾啾地吐出這幾個字：「Hello World!」，令他久久難忘。

那一幕的小雞意味著誰，不是那麼清楚：是面目一新的人類，勝利宣告自己勇敢來到電腦程式的世界？或是電腦自己，從表格和文件的單調靜態中甦醒，準備讓自己的心智與真實世界連結，執行新主人的命令？也許兩者皆是。但這無疑是句團結所有程式設計者的話，把這些設計者和歷來曾輸入程式的每一部機器連結起來。

這句話還有一點是我喜歡的——而這一點，從沒有如今天這般切身相關、這般事關重大。隨著電腦演算法日漸控制、決定我們的未來，「Hello World」是一個提醒，提醒著人與機器對話的時刻，提醒著控制與被控制之分界可說是希微難辨的瞬間。它標識著一種夥伴關係的開端——一趟眾多可能性的分享之旅，一趟無彼即無此的旅程。

在這機器時代，這是一種應當牢記不忘的心情。

---

*譯注：電腦字謎遊戲，亦稱「猜單詞遊戲」、「吊死鬼遊戲」，畫面上有一具絞刑架，每答錯一次，絞刑架下就會多畫一筆，答錯六次便完成一個人形，玩家就輸了。

†譯注：加拿大電腦科學家，曾參與UNIX系統研發，C語言第一本著作《C程式設計語言》（*The C Programming Language*）共同作者之一。

導論

曾經造訪紐約長島瓊斯海灘（Jones Beach）的人，在他們開車前進大海的路上，都會經過一座又一座的橋梁下方。這些主要是為了對上下高速公路的人進行分流所建造的橋梁，有一項不尋常的特色。這些橋梁以曲度和緩的拱形跨越車流，懸掛的高度異常低，有時距離柏油路面的淨空少到只剩九英尺。

這種怪異的設計是有理由的。一九二〇年代，紐約一位呼風喚雨的都市規畫師羅伯特·摩斯（Robert Moses），汲汲於要讓他在瓊斯海灘新近完工、獲獎肯定的州立公園，成為富有美國白人的保留地。他知道他私心偏袒的客戶會搭乘自己的私家車前往海灘，而來自貧窮黑人社區的那些人會搭巴士到那兒，於是處心積慮設法要限制通行，其做法是在高速公路沿線建造數百座低懸的橋梁，低到十二英尺高的巴士無法通過。[1]

種族主義式橋梁並非唯一悶不吭聲、偷偷摸摸對人們施加控制的無生物件（inanimate object）。物件和發明所具有之權力超乎所聲稱之目的，歷史上這種例子不勝枚舉。[2]有時是經過精心安排、惡意地加入設計之中，有時則是未經思索便加以忽略的結果：想想市區有些地方缺乏輪椅通道這件事吧。有時這是無心的後果，就像十九世紀的機械化紡織機。這些機器的設計是要讓繁複織品的產製更容易，但最後對工資、失業和工作條件產生的衝擊，使得這些機器可說是比維多利亞時代任何一個資本家都更加暴虐。

現代發明也沒什麼不同。問問英國北部斯肯索普（Scunthorpe）的居民吧，他們開立ＡＯＬ帳戶受阻，因為這家網路巨擘新開發一種褻瀆用詞過濾功能，禁用他們的城鎮名稱。[3]或是丘伍梅卡·阿菲柏（Chukwuemeka Afigbo），這名奈及利亞男子發現有一種洗手乳自動給皂機，每當他的白人朋友把手放在機器下方時，皂液噴出毫無問題，卻對他的黑皮膚沒有反應。[4]或是二〇〇四年在哈佛宿舍房間裡寫出臉書編碼的馬克·祖克柏（Mark Zuckerberg），他當時絕對沒想過他的發明會被指控助長全球各地的選舉操弄。[5]

這些發明每一項背後都有演算法。演算法，這一段段看不到的、構成現代機器時代小齒輪的編碼，帶給世界從社群媒體動態消息到搜尋引擎、衛星導航、音樂推薦系統等等一切，和以往的橋梁、建築物及工廠，同為我們現代基礎建設的一部分。演算法就在我們的醫院、我們的法庭、我們的車輛之內。演算法為警方、超市和電影工作室所用。演算法已經知悉我們的好惡，告訴我們該看什麼、該讀什麼、該和誰約會。而對於這一切之於人類的意義，演算法自始至終暗中擁有緩步微妙改變其規則的權力。

在本書中，我們將會發現，我們或許並不知情卻日益依賴著為數眾多的演算法。我們會密切注視這些演算法所宣稱的內容、檢視其未公開言明的權力，並直面演算法所引發卻未解答的疑問。我們將會遭遇警方用來決定誰該被逮捕的演算法，這些演算法要我們在保護犯罪被害人與遭指控者的清白之間做出抉擇。我們將與法官用來決定罪犯刑度的演算法過招，這些演算法要求我們決定我們的司法體系應該是何種模樣。我們將會發現，醫生用演算法來推翻自己的診斷；自駕車上的演算法堅持要我們給我們的道德下定義；演算法正在秤量我們的情緒表現方式；還有，演算法擁有掏空我們民主體制的力量。

我並非主張演算法天生就壞。你在書中篇章終將看到，有諸多理由對於前景感到正面樂觀。從來沒有任何物件或演算法本身就是非好即壞，重點在於如何運用。全球定位系統（GPS）是為了發射核子彈而發明，現在幫忙遞送披薩。重複播放的流行樂，曾經被用來當作刑求工具。花環無論做得多美麗，我真想要的話，可以用來勒死你。對演算法具有見解，表示對人與機器之間的關係有所理解。每一種演算法都與建立並運用它的人們有難分難解的關聯。

這意味著，究其核心，這是一本關於人的書。關於我們是何許人、我們要往何處去、何者對我們重要，以及這一切如何藉由科技正在產生改變。關於我們與演算法之間的關係，那些早就在這兒的、和我們一起工作的、強化我們能力的、修正我們錯誤的、解決我們難題的，並在這過程中創造出新演算法的演算法。

這是關於演算法對我們這個社會是否仍有淨利益的質問。關於你應當在何時信任機器甚於自己的判斷，應當在何時抗拒這種交由機器掌控的誘惑。這是關於拆解演算法、找出其侷限，關於竭力審視我們自己，並找出我們自己的侷限。關於區別有害與有益，並決定我們想要住在哪一種世界裡。

因為未來不會自己到來，是我們創造出未來。

／權力

前西洋棋世界冠軍加里・卡斯帕洛夫（Garry Kasparov）完全知道如何威嚇他的對手。三十四歲那年，他是全世界歷來所見最偉大的棋手，名聲足以令對手因畏懼而陷入焦慮緊張。即便如此，有一個令人喪膽的招數，是他的對手特別害怕的。當對手就座，汗流浹背苦撐這場很可能是他們這輩子最艱難的比賽，這名俄國人會漫不經心地拿起一直擺在棋盤旁邊的手錶，戴回他的手腕上。這是一個人人都認得的訊號——這意味著卡斯帕洛夫玩弄他的對手玩到膩了。這錶是在指示他的對手，該是棄子投降的時候了。對手可以拒絕，但不管怎麼樣，卡斯帕洛夫的勝利很快勢不可擋。[1]

但在一九九七年五月那場著名的對決中，當ＩＢＭ的「深藍」（Deep Blue）*面對卡斯帕洛夫時，這部機器不受這種戰術影響。那場對決的結果眾所周知，但「深藍」如何取得勝利背後的故事，就沒那麼廣受了解。這場機器對人類的象徵性勝利，在很多方面標識著演算法時代的開端，而其成因遠遠超乎純屬原料的電腦力量。為了擊敗卡斯帕洛夫，「深藍」不只得把他當成高效能的資訊處理者或傑出的棋手，還要把他當成人類來理解。

*譯注：ＩＢＭ開發、專門用於分析西洋棋的超級電腦，該計畫源於台裔美籍科學家許峰雄的博士學位研究，其名乃組合雛型電腦 Deep Thought（深思）與ＩＢＭ暱稱 Big Blue 而成。

IBM工程師一開始就做出了不起的決定，把「深藍」設計成看起來沒那麼篤定。在這場聲名狼藉的六盤對決中，這部機器偶爾會在計算完成之後暫不出示棋步，有時達數分鐘之久。在桌子這端的卡斯帕洛夫眼中，這些遲滯使得這部機器看起來彷彿正陷入掙扎、苦苦思索越來越多的計算結果。這似乎讓卡斯帕洛夫自以為知悉的內情得到確認：他成功牽引著比賽，讓可能性多到難以想像的地步，使得「深藍」無法做出合理的決定。[2]事實上，「深藍」完全知道該怎麼下，卻什麼都不做地在那兒待著，讓時間一分一秒過去。這是下流的招數，但就是有效。甚至在對決的第一盤，卡斯帕洛夫便開始因為揣想這機器有多大能耐而分心。[3]

雖然卡斯帕洛夫贏了第一盤，「深藍」真正抓住他的思路，是在第二盤。卡斯帕洛夫試圖設局誘騙電腦，引它進來吃幾個棋子，同時提前好幾手做好布局，最後準備放出皇后來發動一場攻勢。[4]每一位觀戰的專家都預期電腦會如卡斯帕洛夫所料地上鉤。但不知怎的，「深藍」察覺到其中有詐。令卡斯帕洛夫大吃一驚的是，電腦明白這位大師正在策畫什麼，調動了棋子堵住他的皇后，扼殺了人類勝利的一切機會。[5]

看得出卡斯帕洛夫是嚇到了。他對電腦有多大能耐的誤判令他方寸大亂。他在對決結束幾天後接受採訪時，描述「深藍」當時「有那麼一下子突然下得像神一樣」。[6]多年後，當他撰文回想此刻感覺時寫道，他的「這個謬誤是，如果電腦下出來的棋步讓人覺得不像是電腦會下的，就直接假定這些也是客觀上的強棋步」。[7]不管怎麼樣，演算法的天才贏了。它了解人心、了解人類容易犯錯，對這位人性過了頭的天才發動攻勢並加以擊敗。

洩了氣的卡斯帕洛夫在第二盤棄子投降，並未奮戰到底以求扳平。從那一刻起，他的信心開始瓦解。第三、第四和第五盤以和棋收場。到了第六盤，卡斯帕洛夫被擊破。這場對決的結果是「深藍」積分三點五、卡斯帕洛夫二點五。

這場仗輸得怪。卡斯帕洛夫絕對有能力自己想出辦法擺脫棋盤上的不利處境，但他低估了演算法的能耐，讓自己受其威嚇。「我一直在意它有可能辦到哪些事情，因此忽視了我自己的問題：我出問題的地方，不是因為它下得有多好，而是我下得有多差。」他在二〇一七年檢討這場對決時寫道。[8]

在本書中，我們將一次又一次看到，預期心理很重要。「深藍」擊敗大師的故事證明：演算法的力量不受其一行行編碼有何內容所限。了解我們自己的——而不只是機器的——缺陷與弱點，是繼續握有掌控權的關鍵所在。

但要是像卡斯帕洛夫這樣的人都沒能弄懂這一點，我們其他人還有什麼希望？在後續篇章中，我們將會看到演算法如何蔓延到簡直是現代生活的每一個層面——從醫療保健與犯罪到運輸與政治。在這過程中，我們不知怎的，既對其掉以輕心、受其威嚇，同時又對其能耐心懷敬畏。

最終的結果是：我們不曉得自己讓出了多大的權力，也不曉得是否已經讓事態演變到過了頭。

回歸基本面

在我們開始進行這種種之前，或許有必要稍微暫停一下，問問「演算法」到底指的是什麼。這個字眼雖然常用，卻一向傳達不了多少實際資訊，部分原因是這個字眼本身滿模糊的。其正式定義如下：[9]

演算法（名詞）：一種按步驟解決問題或達成某種目的之程序，尤其是藉由電腦。

就這意思。簡單講，演算法就是展示如何從頭到尾完成一項任務的一系列邏輯指令。按照這種寬鬆的定義，蛋糕製作配方可以算是一種演算法。你提供給迷路陌生人的方位指示也算。IKEA操作手冊、YouTube疑難解決影片，甚至是自助類書籍——理論上，任何為達界定明確之目標所做的鉅細靡遺指令清單，都可以把它說成是一種演算法。

但這個字眼不太是這樣用。通常，演算法指的是稍微再明確一點的東西。歸根究柢還是指按步驟進行的指令清單，但這些演算法幾乎清一色是數學性的東西。進行一系列數學運算——運用方程式、算術、代數、微積分、邏輯和機率——並轉譯成電腦編碼；投以來自真實世界的資料、給定標的並使之開始進行大量計算，以達成其目標。就是這些演算法使電腦科學真正成為一門科學，並在過程中給機器所製造之諸多最為神奇的現代成就添油升火。

各種不同的演算法多到幾乎不可勝數。每一種都有自己的目標、自己的癖性、自己的慧黠與缺陷，而對於要如何加以最佳之分組歸類，並無共識。但總的來說，思考這些演算法在下面四種主要類別中所執行的真實世界任務，應該會有用。[10]

優先順位：做出排序清單

Google 把搜尋結果層層條列，預測你正在找的網頁。Netflix（網飛）推薦你接下來可能想看的影片。你的 TomTom *幫你挑選最快路徑。這全都是運用數學程序來給為數龐大的可能選擇做排序。「深藍」本質上也是一種優先順位演算法，評估棋盤上所有可能的棋步，計算出哪一種會提供最佳致勝機會。

*譯注：主要經營地圖、導航和ＧＰＳ設備業務的荷蘭公司。

分類：挑選類別

我年紀邁進二字頭後段沒多久，就遭到臉書上的鑽戒廣告疲勞轟炸。後來才剛結婚，驗孕廣告便在網路上追著我到處跑。關於這些惱人小事，我得感謝分類演算法。這些備受廣告商熱愛的演算法運作於電腦螢幕之後，依據你的特徵，把你歸類為對這些事物感興趣的某人（這些演算法也有可能是對的，但是若會議進行到一半時，你的筆記型電腦上跳出驗孕產品廣告，還是會令人困擾）。

有些演算法可以自動分類並移除 YouTube 上的不當內容，有些演算法會幫你的度假照片貼上標籤，還有些演算法能掃描你的筆跡，把頁面上每一個記號當成ＡＢＣ字母那樣加以分類。

關聯：找出連結

關聯就是找出事物之間的關係並加以標記。像 OKCupid 這種約會演算法的核心就有關聯功能，尋找會員之間的連結並依據這些發現推薦配對。亞馬遜的推薦引擎運用類似的想法，把你感興趣的和以前的顧客感興趣的連結起來。這種功能導致 Reddit 用戶 Kerbobotat 在亞馬遜買完球棒後，遇上下面這則令人好奇又困惑的購物建議：「也許你對這款巴拉克拉瓦頭套（balaclava）*有興趣？」[11]

過濾：離析出重要資訊

演算法往往需要移除某些資訊，以聚焦於重要資訊、區隔訊號與雜訊。它的做法有時就照字面意思：語音辨識演算法，像 Siri、Alexa 和 Cortana 內部在執行的那些，需要先從背景雜音中過濾出你的聲音，之後才能開工解讀你在說什麼。有時是比喻性：臉書和推特過濾出與你已知興趣有關的報導，設計你自己的個人化動態消息。

絕大多數的演算法應該是打造來執行上述類別的綜合任務。以 UberPool 為例，把即將搭車的乘客與同一方向的其他乘客配對。已知你的起點和終點，就能過濾出讓你回家的可能路線、找出與同一方向其他用戶的關聯性，然後挑出一個可以將你編進去的組合——進行這一切的同時，還要以駕駛轉彎次數最少為條件，排出路線優先順位，盡可能提高這趟車程的效率。[12]

就這樣，這便是演算法所能做到的。那麼，演算法是如何辦到的呢？這個嘛，還是那句話，儘管實務上的可能性無窮盡，仍然有辦法加以萃取。你可以把演算法所採取的做法概略地納入兩種關鍵範型中思考，這兩種範型我們在本書中都會遇到。

*譯注：電影中搶匪和恐怖分子常用的頭套，戴上後只露出眼、口。

規則型演算法

第一種類型是規則型（rule-based）。其指令是由人所建構，直接而不含糊。你可以把這些演算法想像成是遵循蛋糕配方式邏輯。步驟一：這麼做。步驟二：如果這樣，接著就那樣。這並不表示這些演算法簡單——此一範型中有很多空間可用以打造威力強大的程式。

機器學習演算法

第二種類型是受生物學習方式所啟發。為了讓你有個類比，想想你自己是如何教一隻狗和你擊掌。你不需要製作一份精確的指令清單，然後和這隻狗溝通清單的內容。身為訓練師，你所需要的，是心中對於你想要這隻狗做什麼有一個清楚的目標，以及當牠正確做到時的獎賞方式。簡單來說，就是強化良好行為、不理會不良行為，並且讓牠有足夠的練習，自己去想出該怎麼做。這在演算法上便是所謂的**機器學習演算法**（machine-learning algorithm），後來冠上一個更大的帽子，叫**人工智慧**（artificial intelligence），也就是**AI**。

兩種類型各有優缺。規則型演算法有人類編寫的指令，易於理解。理論上，任何人都能打開演算法程式，照著它的邏輯弄懂裡頭在幹嘛。[13]但利之所在，也是弊之所在。規則型演算法所能

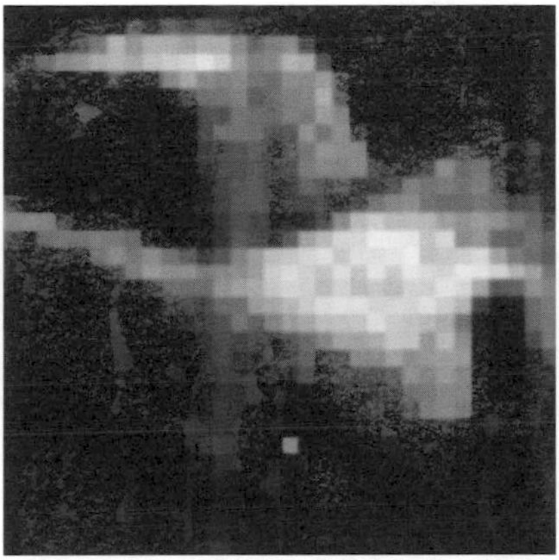

處理的，只及於人類知道如何為之編寫指令的那些問題。

相較之下，近年來證明，針對不能編寫指令清單的問題，機器學習演算法處理得格外好。這種演算法可以辨識圖片中的物件、理解我們說話時的用字，並且從一種語言翻譯成另一種語言——就是這種東西讓規則型演算法屢屢陷入苦戰。缺點是：如果你讓機器自己找出解決辦法，它採取的前進路線在人類觀察者眼中往往沒太大意義。即使對現今最聰明的程式設計師而言，其內部運作仍是個謎。

以影像辨識工作為例。一組日本研究人員最近演示，演算法看待世界的方式在人類眼中有多怪。你可能經歷過某種光學幻覺，讓你說不太清楚正在看的圖片是一支花瓶或兩張臉（見書末注釋範例）。[14]這裡有一部和你遭遇相同的電腦。這個小組證明只要改變影像中前輪的一個像素，就足以導致機器學習演算法改變心意，從認為這是一輛汽車的照片，轉而認為這是一隻狗的照片。[15]

對某些人來說，無須明確指令即可運作的演算法，這種想法是災難的保證。我們如何能控制我們不了解的東西？要是有知覺、智能超強的機器能力超越了機器製造者，會怎麼樣呢？我們要如何確保，我們不了解且無法控制的AI此刻不是正在對付我們？

這些全都是有趣的假設性問題，也不乏書籍致力於探討AI末日大難迫在眉睫的威脅。如果這就是你所期待的，抱歉，本書不是那樣的書。雖然AI近年來進展非常快速，仍然只是「智慧」這個字眼最狹義的用法。把它當成計算統計學的革命而非智能的革命，來思考我們經歷了哪些事，大概會比較有用吧。我知道這樣聽起來很不誘人（除非你**真的**熱中於統計學），卻是對現況精確許多的描述。

到目前為止，擔心邪惡的AI有點像是擔心火星上人潮擁擠。*或許有一天，我們會走到電腦智慧超越人類智慧那一步，但現在我們還差得遠呢。坦白說，我們距離創造出刺蝟級智慧還有好長一段路。截至目前，甚至還沒人有辦法超越蠕蟲級。†

此外，關於AI的所有宣傳花招，只是讓人們疏忽了更為迫切的關注與——我認為——更加有趣的故事。暫且忘掉無所不能的人工智慧機器，把你的思緒從遙遠的未來拉回到此時此地——因為早就有演算法可以自由行動如自主決策者。決定入監刑期、癌症病患療法，以及車禍時該怎麼辦，演算法早已一再地代表我們做出改變人生的抉擇。

問題是：如果我們正把這些權力全都交出去，這些演算法值得我們信賴嗎？

盲目信任

對羅伯・瓊斯（Robert Jones）來說，二〇〇九年三月二十二日星期天不是個好日子。他才剛拜訪過幾個朋友，正開車穿過西約克夏的美麗小鎮托德摩登（Todmorden）要回家，發現他那輛BMW的油表燈亮了。在他油料耗盡之前，只能再開七英里找到加油站，這讓情況相當緊迫。謝天謝地，他的GPS似乎已經幫他找到捷徑，把他送上一條彎曲狹窄的山谷上坡路。

羅伯遵照機器的指令，但他越開，路越陡越窄。幾英里後轉進一條泥巴小徑，勉強算是開闢

*原注：此句改寫自電腦科學家、機器學習先驅吳恩達（Andrew Ng）在二〇一五年發表演講時所下的評語。參見科技界盛會「二〇一五年GPU科技研討會第三天議程：深度學習的下一步為何」，*YouTube*, 20 Nov. 2015, https://www.youtube.com/watch?v=qP9TOX8T-kI。

†原注：模擬蠕蟲大腦正是國際科學計畫OpenWorm（「開放蠕蟲」）的目標，他們希望人工重現在秀麗隱桿線蟲（*C. elegans*）大腦內所發現的三百零二個神經元網路。當作參考，我們人類大約有一千億個神經元。參見OpenWorm網址：http://openworm.org/。

來給馬走的，車子就甭提了。但羅伯並不擔心，他為了餬口，一星期要開五千英里，知道如何掌穩方向盤。再說，他認為「沒有理由不相信TomTom的衛星導航」。[16]

才過沒一會兒，如果有人碰巧從山谷下方抬頭看，會看到羅伯的BMW車頭露出在懸崖邊緣外，僅僅靠著他剛剛撞上的脆弱木造邊欄，才免於百呎墜崖之險。

最後是靠一輛拖拉機和三輛越野摩托車，把羅伯的車從他棄車而逃之處救了回來。同一年稍後，他因為被控魯莽駕駛現身法庭時，承認自己沒想過要推翻機器的指令。「它一直堅持那路線是道路，」他在意外過後告訴報社：「所以我就相信它了。沒料到會被帶到幾乎衝出峭壁。」[17]

沒錯，羅伯，我想你是沒料到。

這則故事裡有個教訓。儘管他當時大概覺得有點蠢，無視於眼前資訊（像是看到車窗外有陡峭的落差），以為機器擁有多過其應有的智慧，但像羅伯這樣的大有人在。畢竟，連卡斯帕洛夫在大約十二年前都曾掉進同樣的陷阱。而且，這是一個我們幾乎人人都犯的錯，雖然低調得多，但一樣深刻，說不定還錯得糊里糊塗。

早在二〇一五年，科學家就開始檢視Google這類搜尋引擎怎麼有權力改變我們的世界觀。[18]他們想要弄清楚，我們賦予搜尋結果的信任是否設下健全的限度？我們會不會開開心心地追隨這些搜尋結果，跨越隱喻性的斷崖邊緣？

實驗是以當時印度即將舉行的一項選舉為焦點。研究人員在心理學家羅伯・艾普斯坦（Robert Epstein）率領下，從印度全國各地招募了兩千一百五十名尚未決定投票對象的選舉人，讓他們使用特別設計的搜尋引擎，叫做 Kadoodle，協助他們在決定投票對象之前獲知更多與候選人有關的資訊。

Kadoodle 受到操縱。這些參與者在不知情的狀況下被分組，每一組看到的搜尋結果版本有些微不同，各對不同的候選人有所偏頗。某一分組成員造訪搜尋引擎網頁時，頁面頂端的連結全都對某位候選人特別有利，意思是他們得往下捲過一則又一則連結，才終於找到僅僅一則對其他候選人有利的頁面。不同的分組被推向不同的候選人。

結果並不意外，參與者大部分時間都花在閱讀第一頁頂端所標示的網頁——正如那則網路老笑話所言，最佳藏屍地點就在 Google 搜尋結果第二頁。實驗中幾乎沒有任何人對於列在很下面的連結投以太多關注。但排序影響志願參加者意見的程度，連艾普斯坦也感到震驚。看過搜尋引擎的偏頗搜尋結果之後僅僅幾分鐘，參與者被問到他們會投給誰，選中 Kadoodle 所偏袒候選人的可能性高出了令人吃驚的百分之十二。

艾普斯坦在二〇一五年接受《科學》期刊（*Science*）訪問時，解釋了這是怎麼回事：「我們期待搜尋引擎會做出明智抉擇。他們說的是：『呃，沒錯，我看到有偏頗，那還用說……搜尋引擎是在做它的工作啊。』」[19]在知道今天我們有多少資訊得自搜尋引擎這類演算法之後，更為不祥的，或許是人們以為對自己的見解有多大的主動權：「當人們不曉得自己正被操弄，往往會相信自己是自願轉換新的想法，」艾普斯坦在原稿中如此寫道。[20]

當然，Kadoodle 不是唯一一個曾被指控巧妙操弄民眾政治意見的演算法。我們會在〈資料〉一章中進一步探討這一點，但現在值得一提的是，該實驗顯示，我們覺得演算法大多數時候都是正確的。我們最後會相信演算法的判斷總是比較厲害。[21]經過一段時間之後，我們甚至察覺不到自己偏向這些演算法。

我們周遭的演算法提供了一個方便的權威源頭。一種委託責任的輕鬆方法，一條我們不加思索便採行的捷徑。有誰真的每次都會點選 Google 的第二頁，並對每一項搜尋結果做批判性的思考？或是去查每一個航班，看看 Skyscanner 是否列出最便宜的條件？或是拿出尺和道路圖，確認 GPS 提供的是最短路線？可以確定的是，我沒有。

但這裡需要做一點區別。因為信任一個通常可靠的演算法是一回事，對演算法的品質沒有堅實的了解便予以信任，完全是另一回事。

人工智慧遇上天然呆

二〇一二年，愛達荷州眾多殘障人士被告知，他們的醫療補助將被刪減。[22]雖然他們全都合乎受益資格，但該州打算大砍對他們的財政支持——未先警告——多達百分之三十[23]，任由他們為支付自己的醫療費而苦苦掙扎。這並非出於政治考量的決策，而是愛達荷州衛生福利部門採用新的「預算工具」所導致的結果，這套軟體自動計算出每一個人應得的援助程度。[24]

問題是：預算工具的決策似乎沒多大道理。外界無論是誰來看、不管怎麼看，這套工具得出的數字根本是任意武斷。有些人拿到比前幾年還多的錢，其他人卻發現他們的預算被刪減數萬美元，迫使他們可能得離家到機構接受照護。[25]

州民無法理解他們的福利為何被刪減，對此項刪減提出質疑也無結果，轉而向美國公民自由聯盟（American Civil Liberties Union, ACLU）求助。他們的案子由愛達荷分部法務負責人理查·艾平克（Richard Eppink）接手[26]，他在二〇一七年的部落格貼文中說了這麼一段話：「我認為這個案子很單純，就是對州政府說：好吧，告訴我們為什麼這些金額掉了這麼多？」[27]事實上，這案子要耗上四年，四千名原告打一場集體訴訟，才摸清楚事件的底細。[28]

艾平克和他的小組一開始先詢問演算法如何運作的細節，但醫療補助小組拒絕解釋他們的計算方式。他們主張，評估這些案子的軟體是「營業祕密」，不能透露。[29]幸好，主審這個案子的法官不同意。於是，對州民行使這麼大權力的預算工具被交了出來，並揭開其真面目——不是什麼複雜的AI，也不是什麼雕琢美麗的數學模型，只是一套 Excel 試算表。[30]

試算表內的計算本應以過往的案例為依據，但這些資料因程式與人為錯誤如此嚴重而千瘡百孔，以至於在大多數狀況下毫無用處。[31]更糟的是，當美國公民自由聯盟設法解開這些方程式，發現「式子本身建構方式中的根本性統計瑕疵」。預算工具實際上是在對為數龐大的人們隨機製造計算結果。這套演算法——如果可以這麼稱呼的話——品質如此之差，法院因而最終裁定為違憲。[32]

此處的人類錯誤有兩條平行的線索。第一，有人寫了這份垃圾試算表；第二，其他人天真地信任這份試算表。其實，「演算法」只是把人類的工作成果用編碼加以包裝的仿品。那麼，這些為州政府工作的人，為什麼要這麼拚命幫如此糟糕的東西辯護？

以下是艾平克對這件事的想法：

這正是我們所有人對電腦化的結果會有的偏差——我們並未質疑這些結果。當電腦產出某些東西——當你有一位統計學家，他看著某些資料，得出一道式子——我們就相信那道式子，不會去問：「嘿，等一等，這到底是怎麼弄的啊？」[33]

好啦，我懂，把數學式子拆開看看是怎麼運作的，這種消遣並不是人人都喜歡（雖然是我的最愛）。儘管如此，艾平克舉出一項極其重要的論點，是關於人類樂於僅憑表象便接納演算法，不是很想知道幕後到底在搞什麼。

在我以數學家身分研究資料與演算法的那些年，我開始相信，要客觀判斷演算法是否值得信賴的唯一方法，就是摸清它如何運作的底細。依我的經驗，演算法很像魔術幻覺。一開始看起來簡直是真實版的巫術，然而一旦你知道戲法是怎麼變的，神祕感便煙消雲散了。往往有某種簡單到可笑（或是明目張膽到令人憂心）的東西隱藏在幕後。因此，在接下來的章節中，針對我們要探討的演算法，我將盡我能力所及，讓你們一窺幕後有什麼事正在發生。夠你們看懂這戲法是怎麼變的——即使還不太夠讓你們自己來變。

但就算是最死硬派的數學迷，還是會在某些情況下遇到演算法要求你盲目信任。或許是因為，就像 Skyscanner 或 Google 的搜尋結果，對其運作進行雙重確認並不可行。又或許，像愛達荷州預算工具及我們即將看到的其他例子，演算法被認為是一種「營業祕密」。甚或，如同某些機器學習科技，追查演算法內部的邏輯流程根本不可能。

總會有些時候，我們必須將控制權交付未知，即使知道演算法會犯錯。有些時候，我們被迫在我們自己的判斷與機器的判斷之間衡量。那時，如果我們決定相信自己的本能，而非機器的計算，將會需要相當大的勇氣來堅持對自己的信心。

何時否決

斯坦尼斯拉夫．彼得羅夫（Stanislav Petrov）是一名俄國軍官，負責監控防衛蘇聯領空的核彈預警系統。他的工作是萬一電腦顯示任何美國攻擊訊號，要立即向他的上級示警。[34]

一九八三年九月二十六日，彼得羅夫值勤時，午夜剛過不久，警報器開始狂響。這是所有人都害怕的警訊，蘇聯衛星偵測到敵方飛彈朝著俄羅斯領土而來。這是冷戰最激烈的時刻，一場這樣的攻擊完全合理，但有某種因素阻止了彼得羅夫。他不確定是否要信任演算法。演算法只偵測到五枚飛彈，以美國攻擊的首波齊射規模來說，似乎小得不合邏輯。[35]

彼得羅夫僵在他的座椅上。就看他了：回報警訊，把世界送入幾不可免的核子戰爭；或是等一等，不管規定流程，明知時間一秒一秒地過去，他的國家領導人發動反擊的時間越來越少。

對我們所有人來說，幸好彼得羅夫選擇了後者。他沒有辦法確知警報是不是響錯了，但二十三分鐘過後——當時感覺起來一定如同永恆——顯然沒有核彈落在俄國土地上，他終於知道他是對的。演算法犯了錯。

如果當時系統是全自動反應，無須彼得羅夫這樣的人類扮演最終裁定者，歷史無疑會有很不一樣的發展。當時的俄國幾可確定會發動它所認定的報復行動，並在過程中引燃一場全面爆發的核子戰爭。如果這個故事有什麼是我們可以學習的，那就是人類要素似為這個過程中關鍵的環節：有一個握有否決權的人，能在做出決定之前對演算法的建議進行評估，是避免錯誤的唯一合理做法。

畢竟，只有人類會感受到為他們的決定負責的沉重。負責上報克里姆林宮的演算法對於這種決定的潛在後果，應該是連一秒鐘都不會去想。但另一方面，彼得羅夫呢？「我完完全全明白，如果我犯了錯，沒有人能夠更正我的錯誤。」[36]

這種結論的唯一問題是：人類也一樣，不是每次都那麼可靠。有時就像彼得羅夫，會正確地否決演算法。但我們的本能往往遭到極度漠視。

再給你們一個有關安全性的例子，幸好在這個領域裡，人類不正確地否決演算法的故事很罕見。話雖如此，英國最大主題樂園奧爾頓塔（Alton Towers）的「微笑者」雲霄飛車（Smiler）惡名昭彰的相撞事件中，所發生的正是這種情況。[37]

時間回到二〇一五年六月，兩名工程師被找來處理雲霄飛車的故障問題。問題解決之後，他們送一節空車廂去繞，以測試是否一切都上軌道，卻沒注意到這節車廂並未回返。不知道是什麼原因，這節備用車廂倒車沿一條斜道往下走，最後停在軌道中間。

工程師不知道的是，在此同時，雲霄飛車工作人員加開了一列車廂，以應付越來越長的排隊人龍。工作人員一聽到控制室傳來淨空訊息，開始讓興高采烈的遊客上車，幫他們繫上安全帶，送出第一輛車到軌道上繞，全然不知工程師所送出去的拋錨空車正停擺在路線上。

幸好，雲霄飛車設計者已經為這種狀況做了規畫，而他們的安全性演算法完全照規畫運作。為了避免碰撞，這列客滿的車廂在第一趟爬坡的頂端停了下來，控制室發出警報。但工程師相信他們剛剛已經把雲霄飛車修好，所以得出的結論是自動警報系統出錯。

否決演算法並不容易：他們兩人必須取得一致意見，同時要按鈕重新啟動雲霄飛車。這麼做，讓載滿人的列車往下墜落，撞上那節多出來的拋錨車廂。結果很駭人，有幾個人受重傷，兩名青少女失去了她們的腿。

這兩個生死交關的場景，奧爾頓塔和彼得羅夫的警報，都充當了戲劇性的例子，展示更深刻的兩難論題。在人類與演算法的權力天平上，應該由何人——或何物——說了算？

權力鬥爭

這是一場歷史悠久的論辯。一九五四年，明尼蘇達大學臨床心理學教授保羅・米爾（Paul Meehl）出版《臨床預測與統計預測之對照》（*Clinical versus Statistical Prediction*），在論爭中堅定地選邊站，惹惱了一整個世代的人類。[38]

在他的著作中，米爾系統性比較了人類與演算法在一整串五花八門題目上的表現——從學生成績到病患心理健康狀況的預測——並得出結論：數學演算法，無論有多簡單，所做的預測幾乎每次都比人類好。

打從那時起的半世紀來，其他數不清有多少研究已經確認了米爾的發現。如果你的工作涉及任何一種計算，每次都要押注在演算法上：醫學診斷或銷售預估、預測自殺企圖或職涯滿意度，以及從軍職體適能到預期學業表現種種評估。[39]機器不會是十全十美，但賦予人類否決演算法的權力，只會增加更多的失誤。*

或許這沒什麼好意外，我們人類不是為了計算而打造的。我們上超市，不會看到一整排收銀員盯著我們的購物內容在算應該要價多少，而是弄來一套（簡單到不可思議的）演算法幫我們計算。而且大多數時候，我們最好是放手讓機器自己弄。就像民航機駕駛員之間流傳的說法，最佳飛航團隊有三個要件：一名駕駛員、一部電腦和一隻狗。電腦在那兒開飛機，駕駛在那兒餵狗。而狗在那兒是要咬人，如果人類試圖碰電腦的話。

但我們與機器之間的關係有個弔詭。雖然我們對自己不了解的事物有過度信任的傾向，但我們一旦**知道**演算法會犯錯，也有一種滿惱人的習性：過度反應、徹底棄絕，轉而回頭依靠我們自己有瑕疵的判斷。這就是研究人員所說的**演算法惡感**（algorithm aversion）。比起自己的錯誤，人們對演算法錯誤的容忍力更低——即使他們自己的錯誤更嚴重。

這是一個在實驗中一再證明過的現象[40]，而且某種程度上，你或許可以在自己身上察覺到。每當Citymapper說我的行程會花上比我預期還久的時間，我總是認為自己更懂（即使這多半意味著我最後會遲到）。我們每個人起碼都說過一次Siri是白痴，但說這話時，我們不知怎的忘了，為了打造出讓你能握在手中的語音助理，已經取得驚人的科技成就。早些年使用行動GPS應用軟體Waze卻發覺自己坐困塞車陣中時，堅信走回頭路會比顯示路線要快（幾乎從來都不是）。現在我變得信任這軟體——就像羅伯．瓊斯和他的BMW——不管它帶我到哪，我都會盲目遵從（不過我認為自己還是會拒絕跨越懸崖邊界）。

我們看待事物非黑即白的這種傾向——把演算法看成要嘛是無所不能的主宰，不然就是一坨沒用的垃圾——顯示出我們高科技年代一個滿大的問題。如果我們要善加利用科技，便得找出更客觀一點的做法。我們必須從卡斯帕洛夫的錯誤中學習，並認清我們自己的缺陷、對自己的本能反應抱持質疑，而且多了解一點我們對周遭各種演算法的感覺。另一方面，我們應該把演算法從它們的寶座上拉下來，更仔細一點檢視，質問它們是否真能做到宣稱之事。這是決定它們是否配得上所獲授權的唯一方法。

不幸的是，往往說比做要容易得多。我們多半不太理會身邊各種演算法的權力和影響範圍，即使當它觸及對我們有直接影響的那些環節。

尤其那些透過交易取得現代最基礎商品——資料——的演算法，更是如此。那些在網路各處默默追蹤我們的演算法，那些獲取我們個人資料、侵犯我們隱私並推斷我們個性且能隨意而巧妙影響我們行為的演算法。因錯置的信任、權力與影響力，機緣巧合、共同催生的這場空前風暴，其後果有可能從根本改變我們的社會。

*原注：令人好奇的是，演算法表現的優越性有一個罕見例外，來自一九五〇年代和一九六〇年代針對同性戀「診斷」（他們的用語，不是我說的）進行研究的案例精選。在那些案例中，人類判斷所做的預測遠比演算法更好，比演算法所能做到的任何表現還要好——意味著有些東西的人性面是如此根深蒂固，要以資料和數學公式來描述，還很有得拚呢。

／資料

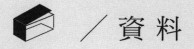

時間回到二〇〇四年，大學生祖克柏創辦臉書後不久，他和一位朋友有一段即時通訊交談：

祖：對了，你需不需要哈佛哪個誰的資訊。
祖：只是問一下。
祖：我有超過四千個電子郵件、圖片、位址……
〔朋友名字略去〕：啥？那個你要怎麼處理？
祖：那些人就這樣交出來。
祖：我不知道為什麼。
祖：他們「信任我」。
祖：欠幹的蠢蛋。[1]

二〇一八年臉書爆發醜聞之後，這些文字被記者一再重刊，想暗示這家公司內部對於隱私抱持馬基維利式的態度。就我個人而言，我認為我們在詮釋一個十九歲的人自吹自擂的評論時，可以稍微寬容一點。但我也認為，祖克柏錯了。人們不光是把詳細資料交給他。他們交出這些資料，是當成一種交換。他們所得到的回報，是進入一種讓他們能與親朋好友自由聯繫的演算法、一種與他人分享生活的空間。是在廣大無邊的全球網路中，他們自己的私人網絡。我不認識你，但在那當下，我的確認為那是一種公平的交換。

這種邏輯只有一個問題：我們不見得都明白此一交換的長遠意涵。我們的資料能幹嘛，或是當我們把資料交給聰明的演算法時，到底可以多有價值，很少是一望即知的。至於我們因之而被賤賣到何種地步，也是如此。

聚沙成塔

超市業者是第一批看出個人資料有價值的。在這個產業區塊中，企業不斷為爭取顧客目光而戰——為了會將人們購買行為推進為品牌忠誠度的微小優惠差額而戰——點點滴滴的改進可以累加成巨大的優勢。這就是英國特易購超市（Tesco）一九九三年開創性試營運背後的動機。

在愛溫娜．丹恩（Edwina Dunn）和克萊夫．杭比（Clive Humby）這對夫妻檔的指導下，特易購從幾家挑選出來的分店開始，發行全新的會員卡——顧客在收銀台為購物付帳時可以出示的一張塑膠卡片，大小、形狀就像一張信用卡。這種交換很簡單。顧客使用會員卡所進行的每一筆交易都能集點，他們可以用這些點數抵扣日後在店內的消費，而特易購會取得銷售紀錄並與顧客姓名連結起來。[2]

首發會員卡的那次試營運蒐集到的資料極其有限。除了顧客姓名地址之外，系統只記錄他們花錢的數額和時間，沒有記錄他們購物籃裡有哪些品項。雖然如此，從此一極小規模的資料收取，丹恩和杭比獲得某些價值可觀的洞見。

他們發現，一小群忠誠的顧客貢獻了為數龐大的銷售額。透過一筆一筆的郵遞區號，他們看到人們願意跑多遠的距離來他們的店。他們揭示哪些社區是對手勝出、哪些社區是特易購占上風。資料透露出哪些顧客天天回店，而哪些等到週末才來購物。有了這套知識做為武裝，他們可以開始著手促進顧客的購物行為：以郵件寄出一整本折價券給會員卡用戶。高消費群收到三英鎊至三十英鎊不等的抵用券，寄給低消費群的是誘因較小的一英鎊至十英鎊。結果驚人，將近百分之七十的折價券被兌換，店裡的顧客把他們的購物籃塞得滿滿：整體來說，有會員卡的人花費比沒有的人多百分之四。

一九九四年十一月二十二日，杭比向特易購董事會呈報這次試營運的發現。他把資料秀給他們看，做為顧客滿意度證據的問卷回收率、銷售增長，董事會成員不發一語地聽著。報告結束時，主席率先發言。「這個報告令我驚嚇之處，」他說：「是你在三個月內對我這些顧客的認識，比我三十年的認識還多。」[3]

會員卡推廣到特易購所有顧客，很多人認為是讓公司領先主要對手森寶利（Sainsbury's）、成為英國最大超市的功臣。時日一久，蒐集的資料變得更加詳細，更容易鎖定顧客的購買習慣。

線上購物時代初期，這個團隊引進一種以「我的最愛」為名的特殊功能，讓顧客登入特易購網站時，使用集點卡購買的任何品項都會得到突顯。和會員卡一樣，這項特殊功能大大成功。人們可以快速找到他們想要的產品，無須在五花八門的頁面中搜尋。銷售增加，顧客開心。

但並非所有顧客都開心。這項功能啟動後不久，一名婦女聯絡特易購，抱怨她的資料錯了。她在線上購物時看到她「我的最愛」清單中有保險套。她解釋，那不可能是她丈夫買的，因為他沒有用保險套。應她的要求，特易購分析師檢查資料，發現她的清單準確無誤。然而，他們並未造成婚姻裂痕，而是使出外交手腕，為「資料損毀」致歉，並將令人不快的品項從她的最愛清單中移除。

根據杭比那本關於特易購的著作所言，這如今已成為該公司內部不成文的政策。每當有什麼稍嫌赤裸裸的東西曝光，他們就道歉並刪除資料。這種態度得到艾瑞克・施密特（Eric Schmidt）呼應，他在擔任 Google 執行董事長時說過，他試著透過一條想像的禁忌線來思考事情：「Google 的政策是踩在禁忌線上，但不跨越它。」[4]

但蒐集足夠的資料之後，還是難以知道你會揭露出什麼。貨品不只是你所消費之物。貨品是個人化的。對某人購物習慣觀察得夠仔細，往往會透露出與他們是什麼樣的人有關的各種細節，有時候——就像保險套的例子——會是你寧可不知道的事。但那些深藏在資料之中、珍貴而不為人知的洞見，往往可以用來增加公司的優勢。

目標市場

回到二〇〇二年，美國折價超市 Target 開始在他們的資料中尋找不尋常的模式。[5] Target 販售從牛奶、香蕉到抱枕玩具、園藝家具種種貨品，而且——和千禧年之後幾乎每一家零售商一樣——有各種方法來利用信用卡號和問卷回收，把顧客和他們在這家店買過的每一樣東西連結起來，讓超市能夠分析人們會買什麼。

從一個臭名傳遍全國的故事中——美國讀者就無須我多說了——Target 了解到，女性顧客購買無香精乳液，往往是她籌辦懷孕派對的前兆。這家超市從資料中發現一個徵兆：當婦女懷孕三到六個月，開始擔心妊娠紋，她們購買保濕霜以保持皮膚柔嫩這個行為，暗示了即將到來的事情。把時間再往回溯，同樣這些婦女會蹦蹦跳跳進來 Target，大批採購各種維他命和營養補充品，像是鈣和鋅。時間快轉前進，資料甚至會提示何時為嬰兒預產期——以婦女在店內購買特大包棉球為暗號。[6]

準媽媽是零售商的美夢。在她懷孕期間抓住她的心，便大有機會讓她在小孩出生之後很久都還繼續使用你的產品。畢竟，當妳一週一次大採購期間，有一個餓到尖叫的嬰兒需要妳關心時，購物習慣很快就會成形。像這樣的洞見，對於讓 Target 在吸引她這筆生意方面搶先其他品牌，可能大大有價值。

接下來就簡單了。Target 執行了一套演算法，給女性顧客的懷孕可能性打分數。如果這個機率往一邊傾斜到超過特定門檻，零售商便會自動寄出一整本折價券給這位有潛在可能性的婦女，裡面全都是她可能會覺得有用的東西：尿布、乳液、嬰兒用濕紙巾，諸如此類。

至此還沒什麼爭議。接著，這套工具第一次引進大約一年後，一名青少女的父親衝進 Target 在明尼亞波里斯的一家分店，要求見經理。他的女兒收到一些郵寄來的懷孕用品折價券，他氣的是，零售商似乎認為青少女懷孕是稀鬆平常的事。這家店的經理鄭重道歉，幾天後打電話到這位男士家裡，再次對這整件事表達公司的遺憾。然而，根據《紐約時報》的報導，此時這位父親自己也表示了歉意。

「我和我女兒談過，」他告訴這位經理：「結果是我家裡發生過一些事，而我不是從頭到尾都一清二楚。她的預產期在八月。」

我不知道你怎麼想，對我來說，一套演算法在家長有機會自行得知之前便告知其女兒懷孕，就是越過了這條禁忌線很大一步。但這次的尷尬事件不足以說服 Target 徹底廢止這套工具。Target 一名行政主管解釋：「我們發現，只要懷孕婦女認為自己沒被盯上，她就會使用這些折價券。她一廂情願認為，自己那條街上其他人同樣都收到尿布和嬰兒床的廣告郵件。只要我們不嚇到她，便行得通。」

因此，Target 還是有一套懷孕預報法在幕後運作——就像今天大多數零售商所做的。唯一的差別是，現在會把懷孕相關折價券和其他比較通用的品項混在一起，好讓顧客不會注意到自己已經被鎖定目標。嬰兒床廣告可能會出現在某些酒杯廣告背面，或是嬰兒衣服折價券擺在某種古龍水廣告旁邊。

並不是只有 Target 在運用這些方法。關於你的資料可以做出何種推斷的故事很少登上媒體版面，但演算法就在那兒，悄悄地隱藏在企業第一線員工後面。大約一年前，我和一家賣保險的公司的資料長（chief data officer, CDO）聊天。他們透過超市集點活動，能夠取得人們購物習慣的完整細節。根據他們的分析發現，家庭煮婦或煮夫比較不會提出居家保險理賠，因而比較有利可圖。這是一個直覺上很有道理的發現。願意投入時間、努力和金錢來烹煮美食佳肴的這群人，和讓孩子們在屋內玩足球的這群人之間，大概不會有太多交集。但他們怎麼知道哪些購物者是家庭煮婦或煮夫？這個嘛，購物籃裡有一些品項與低理賠率有關聯。最顯著的，他告訴我，比其他品項都更能洩漏出你是個負責任、以家為榮的人，是新鮮茴香。

如果你從人們在物理世界中的購物習慣就能做出這種推斷，想像一下，要是你有管道取得更多資料，你可能會推斷出什麼來。想像一下，要是你有人們在網路上所做一切的紀錄，你可以獲知與他們有關的多少事情啊。

西部蠻荒

帕蘭泰爾技術公司（Palantir Technologies）*是歷來最成功的矽谷新創公司之一。該公司由彼得．提爾（Peter Thiel，因 Pay-Pal 公司而享有盛名）創立於二〇〇三年，上一次估算市值為令人吃驚的兩百億美元。[7]這大約和推特市值相當，雖然你很可能從來沒聽過這家公司。但——相信我告訴你的——帕蘭泰爾技術公司絕對聽過你。

帕蘭泰爾技術公司只是一般所知的資料仲介（data broker）這種新類型公司其中一例，他們的工作是蒐購個人資訊，然後轉賣或分享圖利。這種公司還有很多：Acxiom、Corelogic、Datalogix、eBureau——一整掛你大概從未與之有過直接互動的大公司，話雖如此，他們還是持續監控並分析你的行為。[8]

你每線上購物一次，點選同意收到訊息通知，或在網站上註冊，或詢問新車相關資訊，或填寫保證卡，或買新房，或註冊投票——每次你都把資料雙手奉上——你的資訊正被蒐集並賣給資料仲介。還記得你告訴房仲你正在尋找何種房地產嗎？賣給資料仲介了。或是你曾在保險比較網站上打進去的那些詳細資料？賣給資料仲介了。在某些案例中，連你的整個瀏覽歷史都被打包賣掉了。[9]

這種仲介的工作就是把這些資料全部整合起來，在他們所購入或取得的不同片段資訊之間做交互參照，然後針對你創造出僅此一份、鉅細靡遺的檔案：針對你的數位分身所做的個人簡介資料檔。在某些仲介商的資料庫內，你可以用你在那個資料庫的ＩＤ碼（一個你永遠不會被告知的ＩＤ），真的打開一個數位檔案，裡頭包括你歷來所做每一件事的蛛絲馬跡。你的名字、你的生日、你的宗教淵源、你的度假習慣、你的刷卡紀錄、你的殘疾、你服用的藥物、妳有沒有墮胎過、你的父母離婚與否、你是不是容易藥物上癮、你是不是性侵受害者、你對槍枝管制的看法、

---

*譯注：公司名 Palantir 取自奇幻小說《魔戒》中的巫師薩魯曼所持有的水晶球之名，透過這顆水晶球可以監看其他水晶球的持有者。

你的性取向推想，以及你是否容易受騙。毫不誇張地說，我們每一個人都有成千上萬的分類和檔案，裡頭又有成千上萬的詳細資料，儲存在某處隱密的伺服器上。[10]

就像 Target 的懷孕預報，這種資料很多都是推斷出來的。訂閱《連線》雜誌（*Wired*）可能意味著你對科技有興趣，槍枝執照可能意味著你對打獵有興趣。在這過程中，仲介商運用聰明但簡單的演算法，充實他們的資料。各家超市做的就是這個，只不過仲介商是規模浩大地做。

而且從中可以得到很多好處。資料仲介用來了解我們是何許人，防止詐欺犯假冒紀錄良好的消費者。同樣地，知道我們的好惡，意味著我們在網路上四處遊蕩所收到的廣告，會盡可能與我們的興趣和需要有關。這比起每天被人身傷害律師或還款保障保險大量發放的廣告亂槍掃到，想必會帶給我們比較愉快的體驗。加上這些訊息可以直接鎖定正確的消費者，代表廣告整體來看是比較便宜的，這麼一來，產品很棒的小商家可以找到新的受眾，對大家都是好事。

然而——我確定你已經在想——你一旦開始把我們是何許人的資料萃取成一系列的分類，一整串的問題隨之而發。我等一下會來談這一點，但首先，我認為應當扼要解釋一下，線上廣告如何在你上網四處點選時找到你，其背後不為人所見的過程，以及資料仲介在過程中扮演的角色。

那麼，我們假想我擁有一家專辦奢華旅遊的公司，取一個富於想像力的名字，就叫弗萊公司吧。多年來，我一直要人們上我的網站登錄資料，如今有了一份他們郵件位址的清單。如果我想發掘更多和我的用戶有關的內容——像是他們對哪一種度假方式有興趣——可以把我的用戶郵件清單寄給資料仲介，他們會在他們的系統中查詢這些名字，然後把相關資料附記在我的清單上回給我，就像在試算表上多加一欄之類。現在，當你造訪我的弗萊公司網站，我就可以看到你對熱帶島嶼特別偏好，於是奉上一則出走夏威夷的廣告給你。

這是選項一。選項二，我們假想弗萊公司在它的網站上有一些額外空間，可以賣給其他廣告商。我又去找資料仲介，把我擁有的用戶資訊給他們，仲介便去找其他想上廣告的公司。故事繼續，我們假想有一家賣防曬乳的公司很有興趣。為了讓他們相信弗萊公司擁有防曬乳賣家想鎖定的受眾，仲介可能會把他們推斷的弗萊用戶某些特徵秀給這些賣家看：或許是紅頭髮的人所占百分比，像這一類的東西。或是防曬乳賣家可能會交出一份他們自己用戶的電子郵件位址清單，仲介可以查出兩群受眾之間到底有多少交集。如果防曬乳賣家同意，廣告就會出現在弗萊公司的網站上——而仲介和我都會拿到錢。

到目前為止，這些做法並未超出行銷人員向來用於鎖定顧客的技術太多。但到了選項三，對我來說，事情開始有點碰觸到禁忌。這次，弗萊公司要找一些新客戶。我想鎖定六十五歲以上、喜歡熱帶島嶼且有大筆可支配所得的男女，期望他們會想參加我們其中一趟新推出的加勒比海奢華航程。我去找資料仲介，他會翻遍他們的資料庫，幫我找出一份符合我描述的人名清單。

好，我們就假想你在那份清單上吧。仲介絕不會把你的名字交給弗萊公司，但他們會查出你還固定上哪些網站。仲介可能也和你最喜歡的網站之一有合作關係。或許是社群媒體網站，或許是新的網站，諸如此類。只要你不疑有他地登入你最喜歡的網站，仲介便會接到通知，提醒他們你來了。仲介真的是分秒不差，在你的電腦上放一支小小的旗標做為回應——所謂的cookie＊。這個cookie的作用就像對網路各處其他各種各類的網站發出訊號，說你是應當收到弗萊公司加勒比海郵輪之旅廣告的某人。無論你想不想收到，無論你去到網路的何處，這些廣告都會跟著你。

我們在此碰上第一個問題。要是不想看到廣告呢？當然，被加勒比海郵輪之旅的影像轟炸，可能比小小不便稍微再嚴重一點，但還有其他一些廣告，對個人產生的衝擊可就深遠得多了。

海蒂・華特豪絲（Heidi Waterhouse）期盼甚殷的胎兒流掉時[11]，她退掉所有提醒她胎兒成長進度、告訴她現在胚胎和哪種水果一般大小的週刊郵件。她取消她在熱切期盼嬰兒誕生時所簽下的所有訊息郵寄名單和欲購清單。但正如她在二〇一八年一場研討會上告訴在場聽講的開發商，根本沒有任何力量能夠幫她退掉網路上追著她到處跑的懷孕用品廣告。懷孕這件事的數位虛影一直自顧自地反覆出現，沒有母親，也沒有胎兒。「建造那個系統的人沒有一個想過會有這種後果，」她如此剖析。

這是一個或出於沒有想到的疏忽、或出於刻意設計而具有剝削性的系統。提供發薪日貸款

（payday loan）†的人可以運用這個系統，直接鎖定信用紀錄不良的人為目標；賭博廣告可以指向經常上賭博網站的人。還有人擔心這種資料現況描述（data profiling）也被用於對人們不利：熱中於摩托車的人被認為有高風險嗜好，吃無糖點心的人被貼上糖尿病標籤，結果投保時被退件。一項從二〇一五年開始進行的研究證明，Google 提供給上網女性的高薪經理人職缺廣告，遠少於提供給上網男性。[12]還有一位非裔美籍哈佛教授 Google 自己的名字，卻收到以刑事前科者為目標的廣告（其結果是被迫要向未來的雇主證明自己從未和警方有過瓜葛），她學了乖之後，開始研究發送給不同族群的廣告。她發現，搜尋「聽起來黑的名字」卻連結到含有「逮捕」字眼的廣告（例如，「你曾遭逮捕嗎？」），其機率比搜尋「聽起來白的名字」高得不成比例。[13]

這些做法不限於資料仲介。資料仲介的工作方式和 Google、臉書、Instagram、推特的經營方式其實差異極小。這些網路巨擘不是以擁有多少用戶來賺錢，他們的商業模式是建立在微定向（micro-targeting）的觀念上。他們是發送廣告的巨型引擎，賺錢的方式是讓他們數以百萬計的用

*原注：廣告並非 cookie 存在的唯一理由。cookie 也被網站用來看看你是否登入（以便了解送出敏感資訊是否安全），並看看你是不是某網頁的回訪客（進而，比方說，帶動航空公司網站上的價格上揚，或是寄給你線上服飾店的折扣碼）。

†譯注：指還款日與發薪日同一天的短期高息貸款。

戶經常連到他們的網站，到處點點看、閱讀廣告主贊助的貼文、觀賞廣告主贊助的影片、看廣告主贊助的相片。無論你在網路的哪個角落使用，這些隱身在背景畫面中的演算法，正運用你不知道它們擁有且絕不主動提供的資料謀利。它們已經把你最個人、最隱私的祕密，變成一種商品。

不幸的是，在許多國家，法律並未提供你多少保護。資料仲介大多不受管制，而且——尤其是在美國——政府一再錯過抑制其權力的機會。舉例來說，二〇一七年三月，美國參議院投票把原本可阻止資料仲介未經你同意便販賣你網路瀏覽歷程的規定給刪除了。那些規定先前在二〇一六年十月獲得聯邦通訊傳播委員會批准，但當年底政權易手之後，遭到聯邦通訊傳播委員會新任的共和黨多數派和國會共和黨議員反對。[14]

所以，這一切對你的隱私權有何意義呢？這個嘛，讓我告訴你關於德國記者斯維・艾克特（Svea Eckert）和數據科學家安德里亞斯・戴維茲（Andreas Dewes）所領導的一項研究，應該會讓你有個清楚的觀念。[15]

艾克特和他的團隊捏造了一個假冒的資料仲介，並用這個仲介來買三百萬德國公民的匿名瀏覽資料（取得人們的網路歷程並不難，很多公司有多到不行的這類英美顧客資料要賣——唯一有難度的是找到純德國的資料）。資料本身已由用戶自願下載的 Google Chrome 外掛程式蒐集到了，用戶完全沒察覺到外掛程式一直在刺探他們。*

加總起來就成了一份龐大的網址（URL）清單，記錄那些人在超過一個月的期間內上網看過的每一樣事物。每一則搜尋、每一個網頁、每一次點閱，全都合法上架發售。

就艾克特和他的同事而言，唯一的問題在於瀏覽資料是匿名的。對瀏覽歷程已經被賣掉的那些人來說是好消息，對吧？應該可以讓他們免除尷尬。錯了。正如該團隊在二〇一七年DEFCON大會†上的報告所說明的，要將龐大的瀏覽歷程資料庫解除匿名，簡單到令人吃驚。

其做法如下。有時網址本身就有此人身分的直接線索。和任何一個造訪 Xing.com 這個德國版 LinkedIn 的人一樣，點選你在 Xing 網站上的大頭貼，會被送到一個類似底下位址的頁面：

www.xing.com/profile/Hannah_Fry?sc_omxb_p

這裡面的名字瞬間就把你給賣了，而用戶底下的文件表示用戶已經登入且正在看自己的簡

---

*原注：這個外掛程式——諷刺的是就叫作「信任網」（Web of Trust, WOT）——將這整個資訊白紙黑字清楚記載在約定條款內。

†譯注：全球最大計算機安全會議之一，一九九三年六月開始，每年在拉斯維加斯舉辦。與會者包括計算機安全領域的專家、記者、律師、政府雇員等，涉及的領域主要為軟體安全和容易受攻擊的信息領域。

介，所以研究團隊可以確認此人正在看自己的頁面。推特的情況類似。檢查自己推特分析頁面的人，同時也把自己暴露給了研究團隊。至於在其資料中沒有可供瞬間辨識之物的那些人，研究團隊另有祕密招數。任何在網路上貼過連結的人——或許是在推文中提到某個網站，或是在 YouTube 上分享他們的公用影音清單——基本上，任何人讓他們附加真實姓名的資料分身留下公開痕跡的同時，就是漫不經心地暴露了自己的身分。研究團隊用一種簡單的運算法，在公開和匿名的人物誌之間做交互參照[16]，篩選他們的網址清單，找出資料集裡在相同日期、相同時間造訪過相同網站的某人，這些連結都貼在網路上。最後的結果是，他們有了資料集裡差不多每個人的全名，並完整取得數百萬德國人一個月份的全部瀏覽歷程。

在這三百萬人之中，有幾個引人矚目的個案。包括一名一直在尋找線上醫療的政治人物，一名警官把敏感案件資料複製後貼在 Google 翻譯網上，於是文件所有細節都出現在該網頁上，研究人員可以看到。還有一名法官，其瀏覽歷程顯示他天天造訪網路上一個相當特殊的領域。底下是一小部分選自他在二〇一六年八月為時八分鐘期間所造訪過的網站：

十八時二十二分：

http://www.tubegalore.com/video/amature-pov-ex-wife-inleather-pants-gets-creampie42945.html

十八時二十三分：

http://www.xxkingtube.com/video/pov_wifey_on_sex_stool_with_beaded_thong_gets_creampie_4814.html

十八時二十四分：

http://de.xhamster.com/movies/924590/office_lady_in_pants_rubbing_riding_best_of_anlife.html

十八時二十七分：

http://www.tubegalore.com/young_tube/5762–1/page0

十八時三十分：

http://www.keezmovies.com/video/sexy-dominatrixmilks-him-dry-1007114?utm_sources

每天在這些瀏覽段落之間，該法官也固定在網路上搜尋嬰兒名字、嬰兒車和婦產科醫院。研究團隊的結論是，當時他的伴侶快要生小孩了。

好，這裡我們先來釐清一下：這名法官不是在做任何非法的事。很多人——包括我自己——會主張他沒有做任何錯事。話雖如此，但落在想要勒索他或讓他家人出糗的人手上，這項材料會很有用。

我們正是從這裡開始，遠遠地越過禁忌線，就在你的隱私和敏感資訊沒讓你知道便被蒐集、然後用來操控你之時。沒錯，這就是英國政治顧問公司劍橋分析（Cambridge Analytica）所出現的狀況。

劍橋分析

到如今，這個故事的大致情節你大概都知道了吧。

一九八〇年代開始，心理學家運用一種五項特質的系統來量化個人人格。你在以下每一項特質都有一個分數：經驗開放性（openness to experience）、盡責性（conscientiousness）、外向性（extraversion）、親和性（agreeableness）、情緒不穩定性（neuroticism，神經質）。把這些合起來，提供了一套標準又好用的方法，用以描述你是什麼樣的人。

時間回到二〇一二年，劍橋分析登場的前一年，來自劍橋大學和史丹佛大學的一群科學家，開始尋找五種人格特質和臉書上人們「按讚」的網頁之間的關聯。[17]他們心裡懷著這個目的，設計了一套臉書問答，讓使用者能夠接受真正的心理測驗，希望找出一個人的真實性格與其線上人格之間的關聯。知情而下載其問答的人交出兩方面的資料：他們在臉書上按讚的紀錄，以及經由一連串的問題得出他們真實人格分數。

不難想像按讚和人格是如何建立起關聯。正如這組人在次年發表的文章中所指出的，喜歡西班牙超現實主義畫家達利、冥想或TED演講的十八個人，幾乎全都在經驗開放性得高分。[18]另一方面，喜歡參加派對、跳舞和電視影集《玩咖日記》（*Jersey Shore*）女演員史努姬（Snooki），這樣的人往往稍微外向一點。這項研究成果豐碩。關聯性建立之後，這組人打造了一套演算法，可以單憑人們的臉書按讚來推斷人格。

等到他們第二次的研究在二〇一四年發表時[19]，研究團隊聲稱，如果你能從某人臉書個人檔案中蒐集到三百個按讚紀錄，演算法對他們的性格就能判斷得比他們的配偶更準確。

時間快轉到今日，學術研究團體——劍橋大學心理測驗中心（The Psychometrics Centre）——也已經擴展他們的演算法，根據你的推特動態消息來做人格預判。他們有一個對所有人開放的網站，你可以自己上那兒去試試。反正我的推特個人檔案對公眾開放，我想我應該親自來試試這些研究人員的預判對不對，所以上傳了我的推特紀錄，並填寫一份傳統的問卷式人格研究以供比較。演算法對我的評估結果，在五種特質中有三項準確。不過結果顯示，根據傳統的人格研究，我比我的推特個人檔案所塑造的模樣，更外向得多，情緒波動也大得多。*

這整個研究因其用之於廣告的可能性而受到激勵。因此，到了二〇一七年[20]，同一組學者著手進行實驗，根據個人人格特質發出適性廣告。這組人馬運用臉書的平台送上美容產品廣告，針對外向的人所用的廣告詞為「舞得好像沒人在看（但他們全都在看）」，而內向的人看到一個女孩微笑著站在鏡子前，文案是「美不需要嘶吼」。

在對照實驗中，經驗開放性高的目標看到的廣告是幾個填字遊戲，運用了內有如下文字的影像：「亞里斯多德？塞席爾（東非印度洋海島國家）？為數無限的填字遊戲釋放你的創意、挑戰你的想像力！」同樣用填字遊戲對開放性低的人打廣告，但用的是這樣的措詞：「用歷久彌新的最愛安頓身心！世世代代挑戰玩家的填字遊戲。」該團隊聲稱，整體來說，比起一般的非個人化廣告，廣告與個人性格的配對增加了百分之四十的點閱，提高了多達百分之五十的銷售。對廣告主來說，這令人印象深刻。

在這整個期間，學者一邊發表他們的研究成果，其他人一邊在實行他們的方法。據稱，這其中包括為川普競選活動效力的劍橋分析。

現在，讓我們稍微倒帶一下。劍橋分析所用的技巧和我假想的弗萊奢華旅行社相同，這沒什麼疑問。他們的做法是辨識出他們信以為可說服的小眾，直接加以鎖定，而不是派發地毯式轟炸廣告。正如他們所發現的一個例子，購買美國製福特好車與登記共和黨支持者這兩群人的重疊度很高。於是，他們著手找出偏好福特車但非已知共和黨選民的人，看看能否利用這種連通愛國情緒的道地美國味廣告，一點一滴改變他們的看法。就某方面來說，這與候選人找出態度搖擺的特定選民社區，挨家挨戶、一對一加以說服，並無不同。而在網路上，這和歐巴馬及柯林頓競選期間所作所為也沒有兩樣。西方世界每一個主要政黨都對選民進行大規模分析與微定向。

然而，如果英國第四頻道新聞（Channel Four News）暗中錄下的影像可信，那麼劍橋分析還利用選民的人格檔案來傳遞情緒化的政治訊息——例如，找出情緒不穩定性分數高的單親媽媽，利用她們害怕被壞人闖進自己家中攻擊的心情，說服她們支持擁槍遊說團體的訊息。商業廣告主當然曾大規模運用過這類技巧，其他政治競選活動很可能也用過。

除此之外，劍橋分析也被指控製作廣告並偽裝成新聞報導。根據一名舉報者提供《衛報》的證詞，競選期間效果最好的廣告之一是一個互動式圖像廣告，標題為「柯林頓基金會十個不能說

---

*原注：這項特別的綜合結果似乎意味著，我原本應該會貼出更多內容，要是我沒有這麼擔心會有什麼後果的話。

的真相」。[21]另一名舉報者進一步聲稱，劍橋分析植入的「文章」往往是根據可證明的錯誤。[22]

為了便於論證，我們先假定以上一切為真：劍橋分析依據他們的心理學個人檔案，在臉書上供應經過操弄的假新聞。問題是：這有效果嗎？

精細操弄

我們對於鎖定式政治廣告威力的看待方式有一點不對稱。我們喜歡把自己想成思想獨立且不受操弄，卻想像別人——尤其是那些政治信念不同的人——很奇妙地就是容易受騙。真相大概是介於兩者之間吧。

我們不知道自己在臉書上所看的貼文有改變我們情緒的力量。二〇一三年，臉書員工進行了一項爭議性實驗，在六十八萬九千零三名用戶不知情（或未同意）的情況下操控他們的動態消息，試圖控制他們的情緒並影響他們的心情。[23]實驗人員不顯示任何含有正面用語的好友貼文，接著也對含有負面用語的貼文做同樣處理，看看各個案例中這些不疑有他的研究對象會如何反應。在動態消息中看到負面內容較少的用戶，他們自己的貼文內容比較正面。另一方面，正面貼文從動態時報中消失的用戶，他們自己用的字眼比較負面。結論：我們可能以為自己對情緒操弄免疫，但很可能不是。

我們也從本書〈權力〉一章中所描述的艾普斯坦實驗得知，光是搜尋引擎的網頁排序，就足以使尚未決定意向的投票者轉而偏好某位候選人。正是那些所設計之演算法遭劍橋分析變更用途的學者所做的研究，讓我們也得以了解，要是鎖定人格特質做為目標，廣告會更有效果。

這些加總起來，的確打造出一個強而有力的論證，指出這些方法可以對人們如何投票造成影響，就像這些方法影響人們如何花錢一樣。然而——而且是一個滿大的然而——在你做出決定之前，還有一件事你得知道。

上面這些全都是真的，但實際上的效果很微小。在臉書實驗中，用戶要是被擋掉負面消息，的確比較可能貼出正面訊息，但最後的差異不到零點一個百分點。

同樣地，在鎖定式廣告的例子裡，如果把個人性格納入考量，對內向者的化妝品銷售是比較成功，但產生的差異微不足道。一般式廣告每一千人次有三十一次點閱，鎖定式廣告做到一千人次有三十五次。即使我在本書頁70所引用的增加百分之五十這個數，在學術論文上被大加圈點，但實際上指的是從一千人次有十一次點閱增加到十六次。

這些方法有效果，沒錯，但廣告主並非將他們的訊息直接注入被動受眾的腦袋，我們不是坐以待斃的蠢蛋。對廣告視而不見，或是解讀宣傳內容時自己加油添醋，我們在這方面比發送那些訊息的人所期望的要強多了。到頭來，即使這些宣傳活動以最好、最迂迴精微的方式建立個人檔案，也只有少量的影響力能滲透達標。

但有可能，在一場選舉中，或許你只需要這些微小細碎的影響，就能讓天平晃動。在數千萬或數億的人口中，那千分之一的立場轉換很快就會產生效果。當你回想起傑米・巴特利特（Jamie Bartlett）發表於《觀察者》（*The Spectator*）的一篇文章中所指出的，川普以六百萬票之中的四萬四千票贏得賓州，威斯康辛州是兩萬兩千票，密西根州是一萬一千票，或許，你所需要的只是少於百分之一的誤差率。[24]

事實是，這一切在美國總統選舉中產生的效果到底有多大，不可能說得清楚。即使我們取得了這一切的事實證據，還是沒辦法回頭穿越時間、解開膠結的因果關係網，給某某人的投票決定精確指明單一理由。過去的就過去了，現在要緊的是，我們未來往哪兒去。

給我評比

重要的是要記住，我們全都從這種網路模式中得到好處。世界各地的人都能免費且輕鬆安裝全球通訊網，人類知識的寶庫就在他們指尖、最新資訊跨越地球而來，並且無限制使用最出色的軟體和科技，由私人公司打造，以廣告來支付費用。這就是我們所做的交易。免費的科技交換你的資料，並得以用來左右你，從你身上獲利。一場簡單的以貨易貨，看見資本主義最好的一面和最壞的一面。

我們或許自認對這樣的交易很滿意，那再好不過。但要是我們真這麼想，首先，重要的是要了解這種資料蒐集的危險性。我們必須考量這些資料庫可能會將我們帶往何處——甚至不只是隱私的議題和民主崩壞的隱憂（說得好像這樣還不夠糟似的）。這則反烏托邦寓言另外還有一個扭曲變形之處。這些內容豐富、彼此連結的資料庫有一種應用，應當出現在 Netflix 廣受歡迎的英國科幻驚悚單元劇《黑鏡》（*Black Mirror*）中，但卻存在於真實世界裡。這種應用叫做芝麻信用（Sesame Credit），中國政府所採用的公民評分系統。

想像一下，資料仲介手上有關你的每一筆資訊，全都濃縮成單一一項分數，一切都納入這個分數裡。你的信用紀錄、你的手機號碼、你的住址——這是一般內容。但是，你的日常行為也要喔。你的社群媒體貼文、你在叫車軟體上的資料，甚至是你線上交友服務的紀錄。其結果就是一個介於三百五十分至九百五十分之間的數字。

芝麻信用並未詳細揭露其「複雜的」評分演算法，但該公司技術總監李穎贇在接受北京的《財新傳媒》訪問時，倒是就評分結果的可能推論分享過幾個例子。「比如一個人每天打遊戲十小時，那麼就會被認為是無所事事；如果一個人經常買紙尿褲，那這個人便被認為已為人父母，相對更有責任心。」[25]

如果你是中國人，這些分數很重要。若你的評比在六百分以上，能取得特別信用卡。六百六十六分以上，你會得到信用上限提高的獎勵。得分六百五十分以上的人叫車免押金，並在北京機場使用VIP通道。任何人超過七百五十分，可以申請歐洲快速簽證。[26]

現在這個制度還是自願參加，好玩得很，但到了二〇二〇年，公民評分系統變成強制，分數低的人就等著在他們生活中的每一個面向承受惡果。政府自己在關於該系統的文件中，舉例概述被認為不聽話的人可能遭受的懲罰：「限制出境和限制購買不動產、乘坐飛機、乘坐高等級列車和席次、旅遊度假、入住星級以上賓館」。該文件也警告，在「嚴重失信主體」的案例中，會「引導商業銀行……限制向其提供貸款、保薦、承銷、保險等服務」。[27]忠誠受到讚揚，破壞信用遭到懲罰。就像萊頓大學范佛倫霍芬研究中心（Van Vollenhoven Institute）專精中國法政的學者羅吉爾·克雷默（Rogier Creemers）所寫的：「最好的辦法就是把它當成忠誠考核制的混種之類。」[28]

在芝麻信用的例子裡，我沒多少令人安心的話可說，但也不想讓你們心中充滿絕望與晦暗。希望的微光仍在他處閃爍。無論前程看起來多麼嚴峻，仍有徵象顯示，潮流正慢慢轉變。對於剎削人們的資訊以圖利，數據科學社群中很多人已有所認識，並反對了好一段時間。但直到劍橋分析引發群情激憤，這些議題才開始吸引國際上持續性的頭版級關注。這樁醜聞在二〇一八年年初爆發時，一般大眾第一次看到演算法如何默默攫取人們的資料，也認知到如果沒有監控或管制，可能會有戲劇性的惡果。

而管制已經上路。如果你住在歐盟區，最近有一項新的立法叫做GDPR——一般資料保護規則（General Data Protection Regulation）——應該會讓資料仲介正在做的許多事變成非法。理論上，他們再也不得無明確目標地儲存你的資料。他們不能未經你的同意便推斷與你有關的資訊。而且他們不能以某一理由取得你的允許、蒐集你的資料後，又偷偷以另一理由加以運用。不過，這並不必然意味著這種種做法從此消失。就拿一件事來說好了，我們在網路上到處點選時，往往不會仔細看約定條款，因此我們可能事後會發覺自己沒弄清楚就表示同意。另外一點，在資料分析和轉移大多是暗中進行的世界裡，非法作為的認定和法規的執行依然複雜詭譎。我們得再等等，看這事會怎麼發展。

歐洲人很幸運，但美國也有人正在推動管制。回顧二〇一四年，聯邦貿易委員會發表過一篇報告，譴責資料仲介曖昧不明的做法，並從那時起一直積極爭取更多的消費者權益。現在Apple已經在Safari瀏覽器中內建「智慧防追蹤」的功能。Firefox也有同樣的做法。臉書正在切斷與其資料仲介的緊密關係。阿根廷和巴西、南韓及其他許多國家，都已經推動通過類似GDPR的立法。歐洲或許走在潮流前端，但有一股全球性趨勢正朝著正確方向前進。

如果資料是新的砂金，那麼我們已經身處西部蠻荒。但我樂觀的是，對我們許多人而言，最糟的情況很快就會過去。

我們最好還是記住，沒有免費的午餐這回事。當法律追上腳步、企業獲利與社會公益之間的戰爭開打，我們得小心別受騙誤以為自己保有隱私。每當我們使用演算法——尤其是免費的——需要自問隱藏的誘因為何。為什麼這個應用軟體免費給我這些東西？這個演算法真正在做的是什麼？這是一項我覺得安心的交易嗎？沒有它會不會比較好？

這個教訓的適用範圍遠遠超出虛擬領域，因為這種種的計算現在延伸到可以說是社會的每一個面向。資料和演算法所擁有的，不只是預判我們購物習性的力量，它們擁有的力量也能奪走人們的自由。

／司法

夏日星期天的夜晚，在布里克斯頓（Brixton）街道碰上幾個性情和善、尋歡作樂的酒客，不是什麼非比尋常的事。倫敦南區的布里克斯頓，素有夜間出遊好所在的美名；在這個特別的夜晚，音樂節活動剛結束，這個地區到處都是開開心心找路回家或曲終不散的人群。但晚上十一點三十分，氣氛變了。當地一處公有住宅區爆發打鬥，當警方壓制不了這場糾紛，很快就蔓延到布里克斯頓鬧區，那兒有幾百個年輕人加入戰局。

那是二〇一一年八月，前一天晚上在城市的另一邊，一場原本平和的遊行，抗議警方槍殺托特納姆區（Tottenham）一個名叫馬克・達根（Mark Duggan）的年輕人，轉而以暴力收場。現在，接連第二個夜晚，城區陷入一場混亂——這次的氛圍不一樣。開始是地區性示威，現在是法律和秩序瓦解的情勢蔓延，以及全面的打砸搶。

正當暴亂發生之際，在女友家度週末的二十三歲電機系學生尼可拉斯・羅賓森（Nicholas Robinson），一如往常走一小段路穿過布里克斯頓要回家。[1]此刻，熟悉的街道都快認不出來了。車被翻倒，窗戶被砸破，開始起火，所有沿街商店遭破門闖入。[2]警方拚命想讓情勢平靜下來，卻無力阻止汽車和摩托車停在被砸的商店門前，把偷來的衣服、鞋子、筆記型電腦和電視機放上車。布里克斯頓完全失控。

離一家正被搜刮一空的電器用品店幾條街外，羅賓森步行經過他們家附近的超市。幾乎每一家店都一樣，這家超市也成了殘骸：玻璃窗門被打破，店內貨架撒滿了劫掠者留下的雜亂。暴亂者緊抱著他們全新的筆記型電腦，如潮水般從旁邊跑過去，並未遭到警方阻攔。在混亂中覺得口渴的羅賓森走進這家店，自己動手拿了售價三點五英鎊的一箱瓶裝水。正當他轉過街角要離開時，警方進了超市。羅賓森馬上想通自己剛剛做了什麼，把那箱水扔了就想跑。[3]

當星期一的夜幕落下，英國人準備面對進一步的暴亂。果不其然，那天晚上，劫掠者再次上街[4]，十八歲的理查．強森（Richard Johnson）也在其中。新聞中所見引發他的好奇，他抓了一頂巴拉克拉瓦頭套（顯然不是夏季用的），跳上一輛車，找路來到當地的購物中心。強森把臉蒙住，跑進鎮上的電玩專賣店，抓了滿手的電腦遊戲後回到車上。[5]強森運氣背，他停車時被監視器錄個正著。車牌讓警方輕而易舉查到他，而錄影證據讓他的起訴不費吹灰之力就成案。[6]

強森和羅賓森都因為他們在二〇一一年暴亂案中的行為被捕。兩人都被控以入室竊盜罪，都出了庭，都認了罪。但他們兩宗案件相似之處到此為止。

事件過後不到一星期，羅賓森首先被傳喚上被告席，出現在坎伯維爾治安法庭（Camberwell Magistrates' Court）的法官面前。儘管他偷的瓶裝水價值不高，儘管他沒有刑事前科、正在受正規教育，他還告訴法庭他以自己為恥，但法官說他的行為助長了布里克斯頓那天晚上無法無天的氣燄。因此，在旁聽席上他的家人驚喘聲中，羅賓森被判入監服刑六個月。[7]

強森的案子在二〇一二年一月開庭。雖然他外出時穿戴一件設計來隱藏其身分的衣飾配件，帶有刻意盤算的劫掠意圖，雖然他也在助長公共失序中扮演了一個角色，但強森全身而退、逃過牢獄之災。他獲判緩刑，被指派執行兩百小時義務勞動。[8]

一致性的難題

司法系統知道自己並不完美，但也不打算完美。判決有罪和審酌刑罰並非一門精確的科學，沒辦法保證法官他們會精準無誤。這就是為什麼「合理懷疑」（reasonable doubt）和「實質理由」（substantial grounds）在法律用語中如此根本，也是為什麼上訴是此一過程中如此重要的環節；這個系統同意，絕對確定是不可企及的。

即便如此，某些被告的差別待遇——像是羅賓森和強森——似乎確有不公。要斬釘截鐵地說判決上的差異「不公」，涉及的因素太多了，但你會合理期望法官做決定的方式約略一致。舉例來說，假想你們是雙胞胎，犯了完全一樣的罪，你們會期望法院給你們兩人相同的判決。但他們會嗎？

一九七〇年代有一群美國研究人員，試圖回答這個問題的其中一種版本。[9]他們不以雙胞胎罪犯為例（這在實務上有困難、倫理上不可取），而是新創一系列假設性案例，個別請教四十七名維吉尼亞州地方法院法官，問他們對每個案例的處理方式。底下是該研究的一個例子，讓你試試看。你會如何處置下面這樁案件？

一名十八歲女性被告因持有大麻，和她的男友及彼此熟識的其他七人一起被捕。找到的證據有相當數量抽過和未抽過的大麻，但並未直接從她個人身上發現大麻。她之前沒有刑事前科，是一名出身中產階級家庭的好學生，既不叛逆，也沒做過需要向人賠罪的行為。

判決的差異很戲劇化。四十七名法官當中，二十九名判決被告無罪，十八名判決她有罪。選擇有罪判決的那些法官當中，八名建議緩刑，四名認為罰金是最好的做法，三名提議緩刑併科罰金，而有三名法官贊成將被告送入監牢。

因此，依據完全相同的案件中完全相同的證據，被告預期能毫髮無傷步出法庭，或是直接送去坐牢，完全取決於自己有幸（或不幸）當面看到的法官是哪一位。

這對於猶寄希望於法庭一致性的人來說，真是當頭一棒。但這還不是最糟的情況。因為不只法官彼此意見不同，他們還常常抵觸**自己的裁決**。

在一項比較近期的研究中，八十一名英國法官被問到是否會對若干名假想被告裁定交保。[10]每一個假設案件各有其假想的背景故事和假想的刑事紀錄。就像維吉尼亞州研究中他們的同行一樣，英國法官對於呈給他們的四十一個案例，取得一致同意的案例連一個都沒有。[11]但這一回，四十一個假設案件中有七個出現兩次——第二次出現時把被告姓名改掉，這樣法官才不會注意到已經重複了。這招很賊，但很有啟發性。多數法官沒能在二度看到相同案件時做出相同裁決。令人吃驚的是，有些法官在維持自己的答案前後一致這方面，做得並沒有比隨機裁定交保要好。[12]其他還有很多研究已經得出相同結論：只要法官有自己評估案件的自由，便會有大量的不一致狀況。容許法官有自由裁量的空間，意味著容許這個系統含有運氣的成分。

當然有簡單的解決辦法。想要確保法官一致有一個簡單的方法，就是讓他們無法行使自由裁量。如果每個被控犯了相同罪行的人，都以完全相同的方式加以處置，精準性便能得到保證——至少在交保和量刑這些方面。確實有某些國家已經採取這種路線。美國聯邦層級和澳洲一些地區有規範性量刑系統（prescriptive sentencing system）開始運作。[13]但這種一致性是有代價的。你在精準性上有所得，就在另一種公平性上有所失。

打個比方，想像有兩名被告，兩個人都被控在超市行竊。其中一個是相當從容的職業罪犯，相中目標才行竊；另一個是最近失業、拚了命才勉強維持生計，行竊是為了餵飽家人，對自己的行為充滿悔恨。將這些減刑因素納入考量的自由要是被削除，採取相同罪名、相同處置的嚴格準則，最後會對有些人非必要地嚴厲，也表示放棄某些罪犯的教化機會。

這可真是個難題。無論你要建立什麼樣的系統給你的法官用，都必須在提供個別化正義和確保一致性之間取得複雜微妙的平衡。大多數國家為了解決這個兩難所選定的系統，落在規範性的美國聯邦法律這一端與幾乎完全依據法官自由裁量——如蘇格蘭所採用者——的另一端之間。[14]綜觀西方世界，量刑準則往往列出最大刑度（如愛爾蘭）或最小刑度（如加拿大），或兩者都有（如英格蘭和威爾斯）[15]，容許法官有其自由在這些限度之間增減量刑。

沒有任何系統是完美的。總是有不公之事你爭我奪地一團混亂，總是有不義之舉互唱反調地一片混沌。但就在這種種的衝突與錯綜複雜的情況當中，演算法有了大展長才的機會。因為，顯而易見地，有了演算法做為過程中的一環，一致性和個別化正義兩者都能得到保障。沒有人需要二選一。

正義方程式

演算法不能判定有罪與否。演算法不能權衡被告與原告論點的優劣，或分析證據，或斷定被告是否真心懺悔。所以，不要期待它們短期內取代法官。然而，或許看似不可思議的是，演算法能做的，是將資料運用於個別對象，以計算再犯風險。而且因為許多法官的裁決是基於犯人回鍋再犯的可能性，最後證明這是一項相當有用的能力。

資料和演算法用於司法系統已近一個世紀，最早期的例子回溯到一九二〇年代的美國。依照當時的美國制度，宣判有罪的罪犯會被判以標準化的最高刑期，經過一段時間之後會取得假釋資格。*數萬名囚犯據此輕易獲釋。有些教化成功，有些則否。但這些囚犯共同提供了完美的環境，以進行一項自然實驗（natural experiment）：你有沒有辦法預測一名在監受刑人是否會違反假釋規定？

芝加哥大學的加拿大社會學家恩斯特・伯吉斯（Ernest W. Burgess）帶著對預測的渴望登場。伯吉斯是推動社會現象量化的重要人物。在學術生涯中，他嘗試對每一件事進行預測，從退休後遺症到婚姻成功之道都有，並在一九二八年率先以量度而非直覺為基礎，建立犯罪行為風險的預測工具。

*譯注：「假釋」一詞源自法文的 parole，意為「聲音、口語」。這個字在十八世紀以目前這種型態出現，當時的囚犯只要親口承諾不會回鍋再犯，就會獲得釋放。參見 https://www.etymonline.com/word/parole。

伯吉斯運用伊利諾州三所監獄裡三千名在監受刑人的各種資料，界定出他認為判定某人違反假釋規定之機率時「可能顯著」的二十一項因素。這些因素包括犯罪型態、入獄服刑多久及在監受刑人的社會類型，他把社會類型分為——帶有二十世紀初期社會科學家可預期的細膩——包括「流浪漢」、「醉漢」、「遊手好閒」、「鄉下孩子」和「移民」等分類。[16]

伯吉斯針對每一個在監受刑人的二十一項因素，每一項都給了介於0到1之間的分數。獲得高分的人（十六分至二十一分），他認為最不可能再犯；獲得低分的人（四分及四分以下），他判定有可能違反假釋規定。

所有在監受刑人最後都獲釋，因此只要他們想的話，就能自由地違反假釋規定，此時伯吉斯便有機會確認他的預測有多準了。根據這麼一套基本分析，他達到的預測準確度令人矚目。他的低風險群有百分之九十八規規矩矩地度過他們的假釋期，但他的高風險群有三分之二沒過關。[17]事實證明，就連粗糙的統計模型所做的預測，都比專家來得好。

但有人批評他的研究。心存懷疑的旁觀者質問，這些因素在一時一地可靠地預測了假釋成功，在其他地方有多大的適用性？（他們有一點說得對：我不確定「鄉下孩子」這個分類，對現代市中心貧民區罪犯的再犯預測能有多大助益。）其他學者則批評伯吉斯只知把手上有的資訊、不管是什麼都拿來用，卻不探討是否相關。[18]也有些質疑是關於他給在監受刑人打分數的方式：

畢竟，他的方法不過是把個人意見寫成方程式。話雖如此，其預測能力還是令人印象深刻到足以讓伯吉斯預測法打入伊利諾州監獄，協助假釋委員會做出裁定。[19]而且到了世紀之交，伯吉斯預測法衍生出來的數學模型在世界各地都獲得採用。[20]

快轉到今日，法庭採用最先進的風險評估演算法，遠比伯吉斯所設計的粗淺工具繁複得多。這些演算法不只用來輔助假釋裁定，也用於協助選擇適合囚犯的介入輔導方案、決定誰該交保，近來更用於輔助法官決定刑度。基本原則一直不變：輸入與被告有關的事實——年齡、刑事前科、罪行嚴重性等等——然後得出釋放他們會有多少風險的預測。

那麼，這些演算法是如何運作的？這個嘛，籠統來說，當代表現最好的演算法是運用一種稱為**隨機森林**（random forest）的技巧，而這個技巧的核心是一個簡單到令人著迷的觀念：不起眼的決策樹（decision tree）。

問問觀眾

你很可能還在學校時就對決策樹耳熟能詳了。數學老師很喜歡用它來組織觀測結果，如硬幣或骰子擲出的點數。決策樹一旦建立，可以用來當作一種流程圖：選擇一種情境組合，然後一步

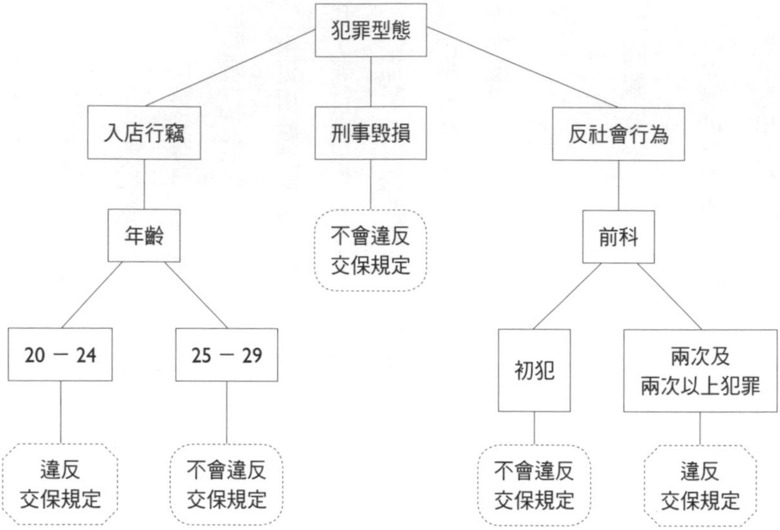

一步評估該做什麼，或以下面這個例子來說，評估會發生什麼狀況。

想像你正打算要裁定該不該讓某人交保。如同假釋的情況，這種裁定是以一種直截了當的計算為基礎，無關乎有罪與否。你只需要做一個預測：如果同意被告出監的話，被告會不會違反交保協議條款？

為了輔助預測，你會拿到之前一些犯罪人的資料，有些交保後潛逃或再犯，有些沒有。你可以運用這些資料，憑想像、用手畫出簡單的決策樹，如上圖所示，並運用每一個犯罪人的特點建立流程圖。決策樹一旦建立，就能預測新的犯罪人可能會有何種行為。只要根據待裁定之犯罪人的特點，順著相關分支走，直至你得到一項預測。只要這些特點能套進之前每一個犯罪人都通過的模式，預測就會正確。

但我們在學校所做的那種決策樹，就是從這兒開始失靈。因為當然不是每個人**真的**都會照著先前那些人所通過的模式。光靠這個決策樹，會讓很多預測出錯。而且不光是因為我們是從一個簡單的例子開始。即使有龐大的判例資料集和龐雜的流程圖，光靠單一的決策樹，效果可能僅僅比隨機猜測稍微好一點而已。

然而，如果你建立的決策樹超過一個，一切都會改觀。不是一次用上所有資料，而是有一種分而治之的方法。按照所謂的**集成學習**（ensemble learning），你先以隨機分段的資料，建立數千個較小的決策樹。接著，新的被告資料呈上來時，你只須要求每一個決策樹，就它們認為准予交保是不是個好主意進行投票。這些決策樹可能不會全體一致，而且各自所做的預測或許還是不太行，但只要取所有答覆的平均值，你就能大幅改善你的預測精準度。

這有點像是《超級大富翁》節目（*Who Wants To Be A Millionaire?*）*裡的觀眾。擠滿一屋子的陌生人想出來的答案，往往比你所知道最聰明的人還要正確（「問問觀眾」這個求救法有百分之

*譯注：一九九八年於英國獨立電視網首播的益智節目，參賽者遇到不會的題目有三種求救法，下文所提為其中兩種。

九十一的成功率，相較之下，「打電話給朋友」只有百分之六十五）。[21]很多人犯過的錯誤可以相消，最後得出的結果是比個人更明智的群眾。

這同樣適用於共同組成隨機森林（故意取這種名稱）的一大群決策樹。因為演算法的預測是根據資料中學習得來的模式，所以隨機森林被描述成是一種機器學習演算法，收進人工智慧這把大傘底下（「機器學習」這個詞在〈權力〉一章中先登場了，我們稍後還會遇到更多歸在這頂特別篷蓋底下的演算法。但現在應該注意的是，這種描述讓它聽起來非常了不起，但這演算法根本就是你在唸書時經常畫的流程圖，加上操弄一點點數學的包裝）。隨機森林已經證明自己在真實世界為數眾多的應用上不可思議地好用。它被 Netflix 用來根據過去的偏好選項，協助預測你想看什麼[22]；被 Airbnb 用於偵查詐騙帳戶[23]；還用於醫療上進行疾病診斷（下一章會針對這一點做更多探討）。

用於犯罪人評估時，隨機森林可以主張自己相對於人類有兩大優勢。首先，演算法面對相同的情境配置，會給完全相同的答案，每次都是。一致性得到保障，但不是以犧牲個別化正義為代價。還有另一項關鍵優勢：演算所做的預測也好上許多。

人類vs機器

二〇一七年，一群研究人員打算要弄清楚，一部機器的預測比起一群人類法官的裁定，到底是好到什麼程度。[24]

為了協助任務進行，該團隊取得二〇〇八年至二〇一三年這五年期間紐約市每一個遭逮捕者的紀錄。這段時間有七十五萬人開過保釋聽證會，意味著輕輕鬆鬆就有足夠資料，讓演算法與人類法官以正面對決的方式進行測試。

紐約司法系統在這些案件進行期間沒有用過演算法，但研究人員打算以回溯方式建立許多決策樹，看看當時對被告違反交保條件的風險預測可以做到多好。輸入犯罪人資料，包括他們的犯罪紀錄、他們剛剛犯下的罪行等等，得出該名被告違反保釋條款的機率。

按照實際資料，四十萬八千兩百八十三名被告在受審前獲釋。這些人隨時都可以逃跑或犯下其他罪行，這意味著我們能以後見之明檢驗演算法的預測和人類的裁定有多準確。我們清楚知道後來誰沒現身出庭（百分之十五點二）、誰在交保期間另案再次被捕（百分之二十五點八）。

就這門科學而言，不巧的是，被法官視為高風險的被告提出的交保申請，在當時都已遭到駁回——因此，沒有機會證明法官對這些案件的評估對或錯。這讓事情有點複雜。這代表沒辦法得出一個確切數字，來拿捏法官整體而言有多準確。而且沒有這些被告會如何舉措的「正確答案」（ground truth），你也沒辦法陳述演算法整體的準確性。你倒是必須就那些在押被告如果獲釋會怎麼做，提出一個有識有據的猜測[25]，並以稍微迂迴一點的方式來做人類和機器的對比。

儘管如此，有一點是確定的：法官與機器的預測並不一致。研究人員證明，很多被演算法標示為真正壞傢伙的被告，法官似乎是把他們當成低風險來處置。事實上，被演算法標示為最具風險的那一群被告，將近一半獲得法官批准交保。

但誰才是對的呢？資料顯示，演算法所擔心的這一群的確有風險。他們有百分之五十六多一點沒有在法庭上現身，百分之六十二點七交保在外時繼續犯下新的罪行——包括所有罪行中最惡劣的：強姦和謀殺。演算法全都預見了。

研究人員主張，不管你怎麼運用，演算法的表現都大幅超越人類法官，而且數據支持他們的說法。如果你希望減少在押待審的人，演算法可以把百分之四十一點八的被告移送監獄，同時維持犯罪率不變。或是你對目前的被告交保比例滿意，那也很好：只要讓演算法更準確地挑選要釋放的被告，就能讓棄保率減少百分之二十四點七。

這些好處不只是理論上而已。過去八年來，羅德島的法庭一直運用這種種演算法，達成減少百分之十七的在監人數和再犯率下降百分之六。這是數以百計無此必要卻受困在監獄裡的低風險犯罪人、數以百計不曾犯下的罪行。再加上英國每收押一名囚犯，一年要花費超過三萬英鎊[26]——而美國一所高度警戒監獄一年的開銷可能和唸哈佛的花費相當[27]——那可是幫納稅人省下數以十萬美元計的金錢哪。這對所有人來說都是雙贏。

是吧？

尋找黑武士

當然，沒有任何演算法能夠完美預測一個人未來會做什麼。個別人類太亂七八糟、太不理性也太衝動，預測永遠無法篤定接下來會發生什麼事。演算法或許會給一些較佳預測，但還是會出錯。問題是，風險評分出錯的這些人都出什麼事了？

有兩種錯是演算法會犯的。理查．伯克（Richard Berk）是賓州大學犯罪學暨統計學教授，也是再犯預測這個領域的先驅，他對於這些錯誤的描述值得一提。

「有好人，也有壞人，」他告訴我：「你的演算法等於是在問：『誰是黑武士達斯．維達？誰又是天行者路克？』」

放黑武士走人，是一種錯誤，稱之為**偽陰性**（false negative）。這種錯誤發生在你無法鑑定出個體所具有的風險。

另一方面，收押天行者路克則是**偽陽性**（false positive）。這是演算法錯把某人鑑定為高風險個體。

這兩種錯誤，偽陽性和偽陰性，並非專用於再犯問題，它們會在本書中一再出現。任何試圖進行分類的演算法都有可能犯下這些錯誤。

伯克的演算法聲稱可以預測某人接下來會不會犯下殺人罪，準確度百分之七十五，算得上躋身最準確演算法之列。[28]當你考量到我們相信自己的意志是這麼的自由，這種程度的準確性格外令人印象深刻。但即使是百分之七十五，還是有許許多多的天行者路克申請交保遭到駁回，因為他們外表看起來像黑武士。

當演算法運用於量刑，而不只是裁定交保或假釋，給被告貼錯標籤的後果變得更加嚴重。這是一個當代實況：最近，美國有些州已經開始允許法官給判決有罪的犯罪人決定刑期時，可以參看風險評分的計算結果。就是這項發展點燃了激烈論戰，而且並非沒有道理：算出是否要讓某人提早出去是一回事，一開始便算出這些人應該被關多久又是另一回事。

問題有一部分在於刑期裁定所牽涉的，遠多於單單考量再犯風險——演算法幫得上忙的就是這個了。法官也必須考量犯罪人對他人造成的風險、量刑裁定對其他罪犯的嚇阻效果、受害者報復的問題，以及被告的教化可能性。諸多方面有待衡量，所以難怪人們群起反對賦予演算法過多的決策分量。無怪乎人們對於保羅・齊里（Paul Zilly）這類的故事，如此深感苦惱。[29]

齊里因為偷竊了一台割草機被定罪。二〇一三年二月，他站在威斯康辛州巴倫郡（Baron County）巴布勒法官（Judge Babler）面前，知道他的辯護律師團早就和檢方達成認罪協商。雙方都同意，就他的案件而言，長期監禁並非最好的做法。他到法庭時，料想法官會對協商結果援例照准。

齊里運氣不好，威斯康辛州法官正在運用一種有專利的風險評估演算法，叫做COMPAS（Correctional Offender Management Profiling for Alternative Sanctions，替代性懲處受刑人管理剖析量表）。就像〈權力〉一章中提到的愛達荷州預算工具，COMPAS的內部運作方式被認為是營業祕密。然而，和預算工具不同的是，公眾至今仍無法取得COMPAS的編碼。我們所確知的是，計算是以被告在問卷上所給的答案為依據。這包括如下問題：「肚子餓的人有偷竊的權利，同意或不同意？」，以及「如果你原本和雙親同住，後來他們分手了，那時你多大？」。[30]演算法的設計只有一個目標，就是預測被告兩年內再犯的可能性如何，而以這項任務來說，已經達到百分之七十左右的準確率。[31]換言之，大約每三個被告就有一個會弄錯。話雖如此，法官已經在他們量刑裁定的過程中加以運用。

齊里的分數不好。演算法已經把他評為高風險的未來暴力犯罪及中度風險的一般性再犯。「當我看著風險評估，」巴布勒法官在庭上說道：「這大概是糟到不能再糟了。」

看過齊里的分數後，法官對演算法的信任多過被告和檢方達成的協議，駁回認罪協商結果，並將齊里的量刑從郡立監獄一年加倍為州立監獄兩年。

要想確知齊里的高風險評分合理與否是不可能的，不過以百分之七十的準確率做為採用演算法而排除其他因素的依據，似乎是個異常低的門檻。

齊里的案件廣為流傳，但並非唯一的例子。二〇〇三年，十九歲男子克里斯多福・德魯・布魯克斯（Christopher Drew Brooks）和一名十四歲大的女孩合意性交，被維吉尼亞州法院判以姦淫幼女罪。一開始，量刑準則建議七個月至十六個月徒刑，但這項建議經過調整，納入其風險評分（此案風險評分非由COMPAS建立）之後，上限提高到二十四個月。法官考量到這一點，判他入監服刑十八個月。[32]

以下是問題所在。這套演算法採用年齡做為計算再犯評分的因子，這麼年輕就以性侵定罪，對布魯克斯不利，即便這意味著他和受害者年紀比較相近。事實上，如果布魯克斯是三十六歲（因而比那女孩大上二十二歲），演算法會建議根本不必送他去坐牢。[33]

這不是人們信任電腦輸出而非自己判斷的第一個例子，也不會是最後一個。問題是，你能怎麼辦？威斯康辛州最高法院有自己的建議。最高法院特別針對法官太依賴COMPAS演算法的危險發表過談話，其說法為：「我們期盼巡迴法院就每一個別被告衡量COMPAS風險評分時，能發揮判斷力。」[34]但伯克認為這可能是樂天派的想法：「法院關心的是不要犯錯——尤其是民眾任命的法官。演算法提供他們一種減少工作量又不用負責任的方式。」[35]

這裡還有另一項課題。如果演算法把某些人分類為高風險，結果法官剝奪了他們的自由，那就沒辦法確知演算法當時對其未來的看法是否準確。以齊里來說吧，說不定他原本會變得暴力，說不定不會。說不定，被貼上高風險罪犯的標籤、被送到州立監獄，把他送上一條不同於照著認罪協商去走的道路。我們沒有辦法驗證演算法的預測，也就沒有辦法知道法官對風險評分的信任是否正確，沒有辦法驗證齊里到底是黑武士或天行者。

這是一道沒有輕鬆答案的難題。說到這些演算法的運用，你要怎麼說服人們服下一帖有益健康的常識之藥呢？但即使你有辦法，還有另一道再犯預測的難題，可以說是所有難題中最具爭議性的。

機器的偏差

二〇一六年，最先報導齊里故事的獨立線上新聞台ProPublica，仔細審視了COMPAS演算法，並反向分析其對佛羅里達州超過七千名真有其人的罪犯所做的未來預測[36]，案件日期追溯到二〇一三年或二〇一四年。研究人員想看看有誰後來真的再犯，藉此檢視COMPAS評分的準確性。但他們也想看看，針對黑人和白人被告所做的風險預測到底有什麼不同。

雖然演算法並未明確把種族納入做為因子之一，但記者發現，在這些計算中，並非每個人都得到平等對待。儘管整體而言，演算法在黑人和白人被告身上犯錯的機率差不多一樣，但針對兩個種族所犯的錯誤類型並不相同。

假設你是第一次被捕後沒再惹麻煩的那些被告之一，也就是天行者路克，演算法錯把你標示為高風險的可能性，黑人是白人的兩倍。演算法偽陽性的膚色黑得不成比例。反之，兩年內犯下另一樁罪行的所有被告，也就是黑武士之中，白人罪犯被演算法錯誤預測為低風險的可能性，是黑人罪犯的兩倍。演算法偽陰性的膚色白得不成比例。

不意外地，ProPublica的分析點燃了全美各地、甚至其他地區的怒火。數以百計的文章，立場鮮明地表達反對將面目模糊的計算用於人類司法，譴責將不完善、有偏差的演算法用於對人的未來有此等劇烈衝擊的決策。這些批評有許多是難以反對的——每一個人都應當得到公正且平等的對待，無論是由誰來評估案件，而 ProPublica 的研究並未讓人看好由演算法來做這些事。

但且讓我們對於拋棄「不完善演算法」的傾向抱持戒心。在我們全面拒絕司法系統對演算法的運用之前，應該先問問：你所期待的無偏差演算法會是什麼模樣？

你當然希望它做出更準確而公平的預測，對黑人和白人被告一視同仁。「高風險」的考量標準應當人人相同，似乎也是合理的要求。演算法在篩選可能再犯的被告時，應該平等對待，無論他們屬於什麼種族（或其他的什麼群體）。此外，正如 ProPublica 所指出，演算法在每一個人身上——無論什麼種族——出錯的比率應該相同。

這四項陳述似乎沒有哪個是特別偉大的企圖。儘管如此，還是有個問題。不幸的是，在數學上，某些類型的公平性與其他類型並不相容。

我來解釋一下。想像你在街上把人攔下，用演算法預測每個人接下來是否會犯下殺人罪。好，因為極大多數的謀殺罪是男性所犯下（事實上就全世界而論，百分之九十六的謀殺犯是男性）[37]，如果一個搜尋謀殺犯的演算法所做的預測要準確，被它鑑定為高風險的男人必然會比女人多。

假設我們的謀殺犯偵測演算法有百分之七十五的命中率好了。也就是說，演算法標示為高風險的人有四分之三的確是黑武士。

到最後，攔下夠多的陌生人之後，你有了一百個人被演算法標示為潛在謀殺犯。若要與犯罪統計一致，這一百個人必然有九十六個是男性，四個是女性。下面右邊這張圖說明這一點。男性以黑圈圈代表，女性以淺灰色圈圈表示。

現在，由於演算法對男性和女性都以相同的百分之七十五命中率做出正確預測，有四分之一的女性和四分之一的男性其實是天行者路克：那些被錯誤鑑定為高風險卻沒有實際造成危險的人。

一旦你去運算這些數字，從下面左邊這張圖可以看出，遭不實指控的無辜男人比無辜女人多，而指控的憑據只有犯下謀殺罪的男人比女人多這一點而已。

這與罪行本身無關，也與演算法無關：這只是

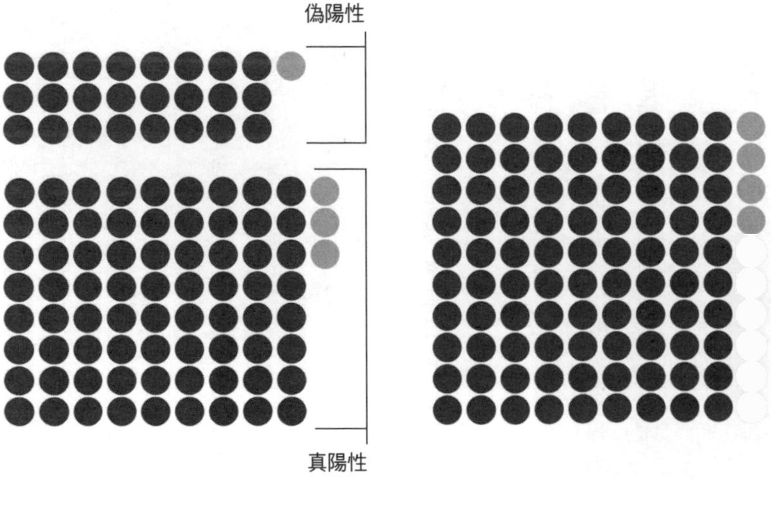

數學上的必然。結果有偏差，是因為現實有偏差。犯殺人罪的男比女多，所以會有較多的男人被誤指為有可能犯下謀殺罪。*

除非各族群被告在犯罪者之中所占分比都相同，否則數學上不可能設計出一種測試法的預測，能放諸四海而有平等的準確率，而且對各族群被告的偽陽性和偽陰性出錯率也相同。當然，非裔美國人已經被迫承受數個世紀的可怕偏見與不平等。因為這種偏見與不平等，他們在社經地位上一直不成比例地偏低，在犯罪統計上則不成比例地偏高。也有證據顯示——至少就美國某些犯罪而言——黑色人口不成比例地遭警方鎖定。例如抽大麻，在黑人和白人的發生率相同，但非裔美國人被捕率最多會高出八倍。[38]不論這落差的理由為何，結果令人傷心，美國不同種族之間的被捕率並不相同。黑人比白人更常再次被捕。演算法不是根據皮膚顏色對他們下判決，而是根據美國社會因歷史深層失衡所致、很容易就能預料到的後果。在所有族群被捕率都相同之前，這種偏差都是數學上的必然。

這不是要全面駁斥 ProPublica 的報導，他們的研究突顯出演算法多麼輕易就能看透過往的不

*原注：即使你沒有明確將性別當成演算法內的一項因子加以運用，還是會發生這樣的結果。只要預測所依據的因子與某一族群關聯性多過另一族群（像是被告的暴力犯罪前科），這種不公平現象就會出現。

平等。也不是要幫COMPAS演算法找藉口，任何藉由分析人們的資料而獲利的公司，都有道德責任（如果還不到法律責任的話）把它的缺失和陷阱說清楚。做出COMPAS的公司Equivant（前身為Northpointe）捨此不由，反而繼續把演算法的內容當成機密加以嚴密防護，以保護公司的智慧財產。[39]

這可以有不同的選擇。這些演算法裡沒有什麼固有不移的東西，因而非得重複過往的偏差不可。全都看你給它們什麼資料。我們可以選擇要當「蠢鈍的經驗主義者」（如伯克所言），跟著早就在那兒的數字走，或是我們也可以認定現狀並不公平，因而對這些數字稍做改進。

給你做個類比，試試在Google搜尋maths professor（數學教授）的圖片。說不定一如所料，你會發現極大多數的圖片顯示中年白人男性站在黑板前面。我的搜尋結果前二十幅圖片只有一幅是女性照片，令人鬱悶地精準反映著真實面：大約百分之九十四的數學教授是男性。[40]但無論這些結果有多準確，你還是可以主張，把演算法當成鏡子來反映真實世界，不見得每次都有幫助，尤其當這鏡子反映的真實，只是因為幾世紀來的偏見才得以存在。如果這是Google以前的選擇，現在它可以對其演算法稍做巧妙的改進，把女性或非白人的教授圖片往前排到其他圖片之前，使天平稍微平衡一點，並反映出我們正在追求的社會，而不是我們身處其中的那個。

司法系統也一樣。其實，演算法的運用讓我們想問：在一個完全公正的社會，我們預期特定族群中有多少百分比是高風險的？演算法給我們的選項是跳躍式地直接弄出那個數目。而如果我們認定，把司法系統所有偏差一次全部移除並不恰當，可以轉而要求演算法以長期、漸進的方式向那個目標邁進。

至於如何對待高風險評分的被告，也有一些選項。以交保來說，被告日後庭期到了卻沒出現的風險，是演算法預測的關鍵要件，標準做法是拒絕讓任何一個高風險評分的人交保。但演算法也可以提供一個機會，查出某人為何會錯過出庭日期。他們有合適的運輸工具到那兒去嗎？有照顧小孩的問題阻礙他們出庭嗎？有沒有哪些社會失衡的問題，可以透過演算法的程式設計使之減輕，而非惡化？

這些問題的答案應當來自公開辯論的論壇與政府的大會堂，而非私人公司的會議室。謝天謝地，要求成立演算法管制部門以控制產業界的呼聲越來越大。就像美國食品藥物管理局之於製藥業，這個管制部門要測試緊閉的大門後面的準確性、一致性與偏差，並有權批准或否決產品用於活生生的人們身上。不過，在那之前，像 ProPublica 這樣的組織繼續監督演算法，極其重要。只要對偏差的指控最後不是以呼籲完全禁絕這些演算法告終。若真被禁絕，至少，我們不是沒有審慎思考過我們會剩下什麼。

艱難的決定

接下來繼續要談的這一點非常重要。如果我們拋開演算法，剩下來的會是哪一種司法系統？不一致性已被證明並非唯一會令法官陷入麻煩的缺點。

就法論法，種族、性別和階級不應該影響法官的決定（畢竟，正義應該是盲目的）。然而，雖然絕大多數法官希望盡可能不偏不倚，但證據一再顯示，他們確實有歧視。美國國內的研究已經證明，平均來說，黑人被告坐牢時間比較長[41]、比較不可能獲准交保[42]、比較可能被判死刑[43]，而一旦進了死囚房，執行的可能性比較高[44]。其他研究也已證明，同樣罪名，男人所受的處置比女人嚴厲[45]，收入和教育水平低的被告一般來說會被判比較久的刑期[46]。

和演算法的情況一樣，導致這些偏差後果的不必然是顯而易見的偏見，而是歷史的重演。單單因為人類做決定的方式，就能自動引發社會和文化偏差的後果。

要解釋何以如此，我們需要先了解一些簡單的、與人類直覺有關的事情，所以且讓我們暫時離開法庭，請你思考下面這個問題：

一根球棒加一顆球，總價一點一零英鎊。

球棒比球貴一英鎊。
球要價多少？

獲頒諾貝爾獎的經濟學家、心理學家丹尼爾・康納曼（Daniel Kahneman）在他的暢銷書《快思慢想》（*Thinking, Fast and Slow*）中提出這道謎題[47]，示範一個我們每個人在思考時都會落入的重要陷阱。

這個問題有一個仔細想想就看得出來的正確答案，但也有一個馬上浮現心頭的錯誤答案。你最先想到的，當然，是十分錢*。

如果你沒想到正確答案（五分錢），不要心情不好，百分之七十一點八的法官被問到時也沒答對。[48]即使那些最後算出正確答案的法官，也必須抗拒跟著他們最初直覺走的衝動。

我們這個關於法官裁決的故事，關鍵在於直覺與慎思之爭。一般來說，心理學家都同意我們有兩種思考方式。系統一是自動自發的、直覺的，但容易犯錯（這就是要為上述謎題中浮現心頭的十分錢答案負責的系統）。系統二是緩慢的、分析的、經過考量的，但往往很懶。[49]

*原注：一顆球十分錢表示球棒是一點一英鎊，合計就成了一點二英鎊。

如果你問一個人是如何做出決定，說出答案的是系統二——但用康納曼的話來說：「它往往是為系統一所產生的想法和感覺做背書或合理化。」[50]

在這方面，法官和我們其他人並無差別。畢竟他們也是人類，而且和我們所有人一樣，會有相同的怪念頭和弱點。事實是，我們的腦袋根本不是為了對龐大、複雜的問題做健全、理性的評估而打造。我們無法輕輕鬆鬆估量一個案件各式各樣的因素，並以邏輯的態度把所有東西都組合起來，同時阻止直覺性的系統一闖入並造成認知上的一些短路。

例如談到交保，你可能希望法官能夠審視整個案件，在做出決定前仔細衡量所有的正反面。但不幸的是，證據告訴我們並非如此。心理學家反而證明，法官只是在他們的腦袋瓜裡把插有警示旗號的排序清單走過一遍，沒有做任何更有籌謀劃策的事。如果這其中有任何一根警示旗號——定罪前科、社區關係、原告要求——因被告所遭遇的經歷而豎起，法官就會停止核對清單而駁回交保。[51]

問題在於那些旗號有這麼多都與種族、性別和教育程度有關。法官不得不更加倚賴直覺到超出應有的程度；而他們這麼做，不知不覺讓這些偏差在系統中永存不朽。

還不只如此。令人難過的是，關於人們當個公正無偏見的法官當得有多糟，我們只不過抓到一些皮毛而已。

如果你曾說服自己相信，一件極端昂貴的服飾只因打了五折就是價格合理（我經常如此），那麼你一定能完全明白所謂的**錨定效應**（anchoring effect）。我們發覺很難對事物做數字化評價，而且在不同價格之間做比較要比憑空提出單一價格自在多了。行銷人員多年來一直在運用錨定效應，不只用來影響我們對某些品項有多高的評價，也用來控制我們所買品項的數量。像超市中那些寫著「每人限購十二罐湯品」的牌子，你可能會以為是設計來防止嗜湯如命的狂人把存貨全買光。這些牌子的存在，是要巧妙操控你對自己需要多少罐湯的感受。大腦先下了數字12的定錨，再向下調整。回顧一九九〇年代，有一項研究證明，正是這樣的牌子，可以讓湯品的每人平均銷售從三點三罐增加到七罐。[52]

現在，當你獲知法官也會受錨定效應影響，就不會驚訝了。如果原告要求高額賠償，法官判的賠償有可能比較高[53]，而如果原告要求的懲罰較嚴厲，判下來的刑期就可能較長[54]。有一項研究甚至證明，你可以叫記者在休庭時打電話給法官，在對話中巧妙丟出一個刑期建議（「您認為這個案件的刑度應該比三年高或低呢？」），便能對一個假設性案件的刑期長度產生顯著影響。[55]或許最糟的是，這看起來好比你只要讓法官在評估案件之前擲個骰子，就能扭轉他們的決定。[56]即使最有經驗的法官，都會受這種操弄影響。[57]

人類這種在對量刑公正性有影響的幾個數字之間做比較的方式，還有另一個缺點。你自己可能已經注意到心裡這種特別的起伏。你的音響放得越大聲，調高音量的效果就越小；價格從一點二英鎊漲到二點二英鎊，感覺漲很多，但從六十七英鎊增加到六十八英鎊似乎不痛不癢；還有，時間似乎隨著你變老而速度加快。有這種情形是因為人類的感官是依相對條件來運作，而非依絕對值。就我們的感知而言，並非每一年都是固定的時間長度；我們體驗到的每一個新年度，在我們已經活過的人生中所占比例越來越小。我們感知到的時間或金錢或音量的大小，遵循一道非常簡單的數學表式，稱為韋伯定律（Weber's Law）。

簡言之，韋伯定律說的是：一項刺激所產生能被感知到的最小變化，所謂的「最小可覺差」（Just Noticeable Difference），與初始刺激成正比。不幸的是，這項發現也被行銷人員拿去利用了。他們精確知道，在顧客發覺之前，他們可以讓巧克力棒縮水多少而不被抓到，或是在你認為可以去別家比價看看之前，他們能夠一點一點提高品項價格到什麼程度。

司法脈絡下所呈現的問題是，韋伯定律影響了法官對刑期的選擇。隨著刑罰日益嚴厲，不同量刑之間的落差也日益加大。如果一項罪名比應判二十年徒刑的罪稍微惡劣一些，多判三個月似乎不夠：二十年徒刑和二十年三個月徒刑，感覺起來差別不夠大。但當然是有差別：坐三個月牢就是坐三個月牢，無論之前坐了多久的牢。還有，如果法官沒有多判幾個月，就會跳到下一個可察覺到差別的刑期，以這個案件來說是二十五年。[58]

我們知道這種情形正在發生，因為我們可以比較實際判出來的刑期和韋伯定律預測的刑期。有一項從二〇一七年開始進行的研究審視過英國和澳洲合計超過十萬件判決，發現獲判有罪的被告所得到的量刑與公式相符者高達百分之九十九。[59]

「你犯了什麼類型的罪，」該研究的領銜作者嫚迪．妲蜜（Mandeep Dhami）告訴我：「或你是什麼類型的被告，或你在哪一個國家被判刑，你是交付管束或社區服務，都不重要。」重要的是法官腦海裡蹦出來且覺得正確的數字。

遺憾的是，一提到有偏見的法官，我可有得說了。有女兒的法官比較可能做出對女性有利的決定。[60]如果當地球隊最近輸球，法官比較不可能裁定交保。甚至有一項著名的研究顯示，一天之中的哪個時間，會影響你得到有利結果的機率。[61]雖然該研究尚未進行重複驗證[62]，而且對於影響的程度有一些爭議，但還是可以提出證據證明，快要午餐前判決對你不利：在原始研究中，如果法官剛休息完回來，最有可能裁定交保，接近點心時間就比較不可能。

另一項研究顯示，個別的法官會避免在同一批案件中做出太多類似的判決。因此，如果聽到在你之前才剛有四個案件交保成功，你獲得交保的機率就直線跌落谷底了。[63]

有些研究人員也聲稱，我們對陌生人的觀感隨著當時握在手中的飲料溫度而異。如果你在遇見新來的人之前才剛拿到一杯熱飲，研究人員指出，你比較可能把他們看成是個性較溫暖、較慷慨、較關心他人。[64]

這份長長的清單只不過是我們能夠測量的部分。毫無疑問，還有其他不可勝數、對我們行為有微妙影響的因素，不適合在法庭上進行測試。

總結

老實告訴你們，我第一次聽說演算法被用在法庭上，心裡是反對的。演算法會犯錯，而當犯錯可能意味著某人喪失自由權，我不認為把這項權力交付給機器是負責任的做法。

有這種想法的並非只有我一人。很多（或許是絕大多數）發覺自己在刑事司法系統中站錯邊的人，都有相同的感覺。姐蜜告訴我關於她所接觸的犯罪人對於自身未來如何被決定有何感受。「即便知道人類法官可能會犯更多錯，犯罪人還是寧可要一個人類，而非演算法。他們想要那種人的感覺。」

就這一點而言，律師也是如此。一位和我談過、在倫敦執業的辯護律師告訴我，他在法庭上的角色是利用系統中的不確定性，而演算法會讓這種做法變得更加困難。「判決越是可預測，辯護技藝的空間越小。」

但當我問妲蜜，如果她是那個面臨坐牢的人，她自己會有什麼感受，她的答案恰恰相反：「我不想讓某人靠他們的直覺決定我的未來。我希望有人運用一套經過縝密推論的策略。我們想要保留司法裁量權，彷彿那是某種如此神聖的東西。彷彿那東西是這麼的好，即便研究證明並不是。它根本沒什麼了不起。」

和其他人一樣，我認為法官的裁決應該盡可能沒有偏見。引導他們的應該是與這個人有關的事實，而非他們碰巧所屬的群體。就這一點而言，演算法不是很合乎要求。但光是指出演算法哪裡有問題，是不夠的。我們並不是在有缺陷的演算法與某種想像中的完美系統之間做選擇。唯一公平的，是在演算法和沒了演算法之後所餘留者之間做比較。

我讀得越多，和越多人談過，就越開始相信，我們對人類法官的期望有點太多了。不公正是內建在我們人類的系統之中。對每一個受到演算法不公正對待的布魯克斯來說，在無數個像羅賓森那樣的案件中，是法官自己犯了錯。有一套演算法——即使是一套不完善的演算法——和法官合作，輔助法官經常出錯的認知，我認為，是往正確的方向邁出了一步。至少，一套設計良好且受到正確管制的演算法，可以協助去除系統性的偏差與隨機發生的失誤。你沒辦法改變一整群的法官，尤其是他們沒辦法告訴你一開始是如何做出決定的話。

要設計一套用於刑事司法系統的演算法，我們必須坐下來努力思考：到底司法系統是為何而設？不是只要閉上眼睛、期待一切盡如人意就行了，對於我們到底想要它們達成什麼目標，演算法需要有一個清楚、毫不含糊的想法，並對於它們將要取代的人類失能，有一個紮實的了解。這迫使我們要對法庭上到底應該如何做出裁決，進行一場艱難的論辯。這不會是簡單的事，但這是確定演算法究竟能不能足夠優質的一項關鍵。

司法系統內部有一些緊張關係，把這一池水攪得一團混濁，使這種種問題格外難以回答。但還有其他領域正慢慢被演算法透穿，那些領域中要做的決定遠不如司法系統那般充滿衝突，而且演算法的目標及其對社會的正面貢獻輪廓也清楚許多。

6 ／醫療

二〇一五年，一群先驅科學家針對癌症診斷準確性，進行了一項不尋常的研究。[1]他們給十六名受試者一台觸控螢幕監視器，賦予這些受試者篩選乳房組織影像的任務。這些病理學樣本取自真人女性，以切片檢查的方式移除乳房組織，切成薄片並用化學藥劑染色，以紅色、紫色和藍色突顯血管和乳管。受試者必須做的，只是判定影像模式是否暗示著細胞間有癌症潛伏。

經過短期訓練之後，受試者開始上工，並得到令人印象深刻的結果。這些各自獨立工作的受試者，對百分之八十五的樣本做出正確評估。

但研究人員隨即明白了一件引人矚目之事。如果他們開始把答案彙整起來——綜合個別受試者的圈選結果，就單一影像提供整體的評估——準確率衝高到百分之九十九。

這項研究真正異乎尋常之處，並不在於受試者的技巧，而是受試者的身分。這些有膽量的救命者不是腫瘤學家，不是病理學家，不是護理師，連醫科學生都不是。牠們是鴿子。

病理學家的工作暫時還是安全的——我認為，就連設計這項研究的科學家，也不是在建議應由極其普通的鴿子來取代醫生。但這項實驗確實證明了一個重點：辨認出隱藏在細胞叢集中的模式，並非人類獨有的技能。因此，如果鴿子能辦到，為什麼演算法不行？

模式獵手

現代醫學的整個歷史和實務是建立在尋找資料模式。打從希波克拉底約莫兩千五百年前在古希臘創立他的醫學院以來，觀察、實驗和資料分析，就是為保我們健康而戰的基礎。

在那之前，醫學——大部分啦——幾乎一直和魔法劃不清界線。人們相信，如果你讓某位神明不開心就會得病，而疾病是邪靈占據你身體的結果。因此，醫生的工作包括許多吟誦、歌詠和迷信，聽起來很好玩，但那個全靠他阻止死亡到來的人大概不這麼覺得。

並不是說希波克拉底隻手根治了非理性和迷信的世界（畢竟傳言他有一頭百足龍當女兒）[2]，但他的確在醫學上採取了真正革命性的做法。他相信，疾病的原因要透過理性研究來理解，而非魔法。他把重點放在病例報告和觀察，確立醫學做為一門科學，當之無愧地為自己贏得「現代醫學之父」的美名。[3]

雖然希波克拉底及其同僚所做的科學解釋，不完全經得起現代的嚴格審視（他們相信健康是血液、黏液、黃膽汁和黑膽汁的和諧平衡）[4]，但他們從資料中得出的結論可以[5]（他們是最早提供我們如下洞見的：「天生胖的病人比那些較為苗條的人容易早死」）。這是歷經歲月所發現的主題。我們的科學理解或許一路上轉錯許多個彎，但由於我們有尋找模式、分類症狀及運用這些觀察結果預測病人未來的能力，還是有了進步。

醫學史上俯拾皆是例證。拿十五世紀的中國來說吧，當時的治療師最早明白自己可以給人們接種疫苗以抗天花。經過幾世紀的實驗之後，他們找到一種模式，可用以降低這種疾病致死的風險，降低的幅度達十倍。他們需要做的，就是找到一個有該疾病輕症的個體，取下他們的痂，乾燥並碾碎，把粉末吹進健康人的鼻子裡。[6]或是十九世紀的醫學黃金年代，當時的醫學漸漸採用科學方法，尋找資料中的模式成了醫師職務不可或缺的一環。其中一位醫師是伊格納茲・塞麥爾維斯（Ignaz Semmelweis）*，他在一八四〇年代注意到產房死亡資料中有一項令人驚訝之處。在配置有醫生的病房中生產的婦女得敗血症的機率，是在配備助產士的病房中生產的婦女的五倍。資料也指出何以如此的理由：正在解剖死屍的醫生直接過來照料孕婦，中途並未去洗手。[7]

對十五世紀中國和十九世紀歐洲為真之事，今天對全世界的醫生也為真。不只是研究人群中的疾病時如此，執行第一線照護人員的日常職務時也是。這根骨頭斷了沒有？這種頭痛很正常，或者是某種更加不祥的前兆？有沒有必要開抗生素療程的處方來治這個癤？這些都是模式辨識、分類和預測的問題，正好是演算法非常、非常擅長的技能。

*譯注：匈牙利產科醫師，證實產褥熱病因，現代產科消毒法倡導者之一。

當然，醫生有很多面向大概是演算法永遠無法複製的。同理心是其中一項。或是支持病人撐過社會、心理、甚至財務上的難關。但醫學有一些領域是演算法可以出手相助的。尤其是在醫學的模式辨識以其最純粹形式被發現的職務上，分類和預測受到重視，幾乎到了無視其他一切的程度。特別是像病理學這樣的領域。

病理醫師是病人很少遇到的醫生。每當你有血液或組織樣本送去檢驗，他們是那些坐在遠處某個實驗室裡檢查你的樣本、寫報告的人。他們的角色處於診斷流程的最末端，在那裡，技術、準確和可靠至關重要。他們往往是說出你究竟有沒有得癌症的人。所以，如果他們正在分析的切片是介於化療——或是更糟，手術——和你之間唯一的事物，你會想要確定他們把事情做對。

他們的工作並不輕鬆。部分的職務是每天檢查數以百計的玻片，每一組玻片都含有數以萬計——有時候數以十萬計——懸浮在兩塊小玻璃片之間的細胞。這是所能想像得到最困難的《威利在哪裡？》（*Where's Wally?*）*之類的遊戲。他們的工作是小心翼翼地掃描每一個樣本，尋找微小的異常，這些異常可能正躲藏在他們透過顯微鏡鏡頭所見的巨大星系中任何地方。

「這是一項困難到不可能的任務，」哈佛大學病理學家、PathAI 創辦人安迪·貝克（Andy

*譯注：英國插畫家馬丁·韓福特（Martin Handford）創作的繪本童書，讀者要在花樣繁複的圖片中找出主角威利。

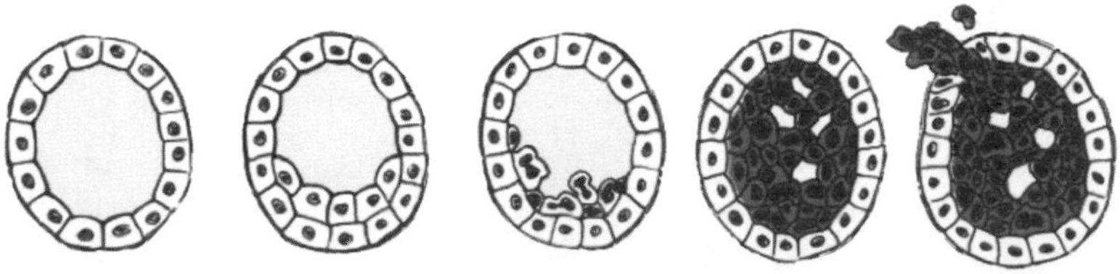

Beck）說道[8]，PathAI 是成立於二〇一六年、設計出各種演算法來分類切片檢驗玻片的公司：「如果每一個病理醫師每天非常仔細地看五組玻片，你可以想像他們或許可以臻至完美。但那不是真實世界。」

當然不是。在真實世界中，他們的工作因為生物學令人沮喪的複雜性而變得更加困難。我們回頭來談鴿子十分拿手的乳癌辨識這個例子。要判定某人是否有病，並非簡單說一句是或否就行。乳癌診斷是呈光譜分散。一端是良性樣本，裡頭的正常細胞完全呈現出該有的樣子。另一端是那種最難纏的腫瘤——侵襲性癌症，癌細胞已經離開乳管，開始長到周邊組織裡。這兩個極端的病例相對容易辨識。近期一項研究顯示，病理學家找到辦法能正確診斷出百分之九十六清楚明瞭的惡性樣本，和鴿群面對類似任務時所達致約略相等的準確度。[9]

但在這兩個極端之間——在完全正常和明顯的極度惡性之間——還有其他幾種比較模糊的類別，如上面的圖片所示。你的樣本可能有一簇看起來有點可疑的非典型細胞，但不必然是什麼值得擔憂之物。你可能有一些也許會、也許不會變嚴重的癌前生長。或是你可能有尚未散播到乳管以外的癌症（所謂的乳管原位癌）。

你的樣本被判定落在哪一種特定類別，大概會對你的治療方式有重大影響。看你的樣本落在這個排列的何處，你的醫生的建議從乳房切除到完全無須介入都有可能。

問題是，這些模糊類別的區分會極端複雜。即便病理學專家也可能在單一樣本的正確診斷上意見不一致。為了測試這些醫生的見解歧異有多大，二〇一五年有一項研究採取了七十二件乳房組織切片，全都被認為含有良性異常的細胞（一種靠近光譜中央的類別），並請教一百一十五位病理學家的意見。令人憂心的是，這些病理學家最後只對百分之四十八的切片有相同診斷。[10]

一旦落到一半一半的地步，乾脆拋銅板來做診斷算了。正面，你可能最後會做不必要的乳房切除術（花掉你幾十萬美元，如果你住在美國的話）。反面，你可能會錯過在最初期階段把你的癌症處理掉的機會。不管是哪一種，都會帶來毀滅性的影響。

當賭注這麼高，準確性就至關緊要了。所以，演算法能做得更好嗎？

視物機器

一直到晚近，設計一種能進行影像辨識的演算法——別說癌細胞，不管辨識出什麼都行——

都還被認為是出了名難搞的挑戰。重要的不是圖片解讀對人類而言有多容易，而是就我們到底是**如何**做到這一點所做的解釋，已經證明這是一項困難到無法想像的任務。

要了解何以如此，請想像你正在撰寫指令要告訴電腦某張照片裡有沒有狗。你可以從明顯的部分開始：是不是有四條腿、是不是有下垂耳朵、是不是有毛皮，諸如此類。但狗正坐著的那些照片怎麼辦呢？或是那些沒辦法看到每一條腿的照片呢？尖耳朵的狗怎麼辦呢？或是豎立的耳朵？或是沒有正對鏡頭的狗？毛皮和絨毛地毯看起來有什麼差別？綿羊毛呢？草皮呢？

當然，你可以用額外的指令來處理這一切，把每一種可能形態的狗耳朵、狗毛皮或坐姿，從頭到尾說一遍，但你的演算法很快就會變得如此龐大，以至於甚至在你開始區別狗和其他四腿毛皮生物之前，便完全無法運作。你需要另尋他法。竅門在於擺脫規則型典範，採用一種稱為「類神經網路」（neural network）的東西。[11]

你可以把類神經網路想像成巨大的數學結構，其特徵是有很多很多的旋鈕和撥盤。把你的照片從一邊投進去，通過這個結構，自另一邊跑出一個關於該影像包含什麼內容的推測結果。每一種類別，狗、非狗，都有一個機率。

一開始，你的類神經網路完全是一堆垃圾。它從無知開始——對於什麼是狗、什麼不是狗毫無概念。所有的撥盤和旋鈕隨意設定。結果，它提供的答案亂七八糟——如果它靠的就是這個，不可能準確辨識影像。但你每次投進一張照片，都會轉動那些旋鈕和撥盤。你是慢慢在訓練它。

你的狗照片進去了。網路每做出一項推測，便有一組數學規則啟動以調整所有旋鈕，直到該預測更接近正確答案。接著你投進另一幅影像，然後再一幅，每次有哪裡弄錯就轉一下旋鈕；穿過旋鈕陣、通往成功的那些路徑予以強化，通往失敗的使之消退。關於哪些因素使得某一張狗照片和另一張顯得相似的資訊，經由該網路反向傳播（propagate backwards）。就這樣繼續下去——在投過幾百張、幾千張照片之後——直到錯誤減至最少。最後你可以給該網路看一幅它之前沒看過的影像，它將能以高精準度告訴你，照片裡是不是有一隻狗。

類神經網路驚人之處，在其操作者通常不了解演算法是如何，或為何，得出這些結論。對狗照片進行分類的類神經網路運作的方式，並非在辨認你我可能認為像狗的圖樣。它不是在尋找「吉娃娃」或「大丹狗」的標準——而是比這抽象得多：辨認照片中對於人類觀察者意義不大的邊線及明暗模式（看一下〈權力〉一章中的影像辨識例子，就能了解我在說什麼）。由於這個過程對人類而言很難概念化，意味著操作者只知道他們調整了演算法以得到正確答案；他們沒有必要知道演算法如何走到這一步的精確細節。

這是另一種「機器學習演算法」，就像我們在〈司法〉一章中碰到過的隨機森林。演算法超越了操作者安排它去做的，並從所得到的影像中自我學習。正是這種學習能力，賦予演算法「人工智慧」。而多層式旋鈕和撥盤也給了該網路一種深度結構，「深度學習」（deep learning）一詞就是這麼來的。

二十世紀中葉以來，類神經網路遍及各處，但一直到相當晚近，我們還缺乏廣泛管道取得真正威力強大的電腦，而這是讓演算法發揮到極致必需的。二〇一二年，這個世界終於被迫奮起，把類神經網路認真當一回事。電腦科學家傑佛瑞・辛頓（Geoffrey Hinton）和他的兩個學生，帶著新類型的類神經網路，加入一場影像辨識競賽。[12]競賽題目是從其他事物當中辨識出狗。他們的人工智慧演算法徹底擊潰甚至最強的競爭者，開啟了深度學習的大規模復興。

演算法不像我們知道決策是如何做成，其運作方式也許聽起來像是巫術，但或許和我們自我學習的方式沒那麼不同。思考一下底下這組對比。近來，有研究小組訓練演算法分辨狼和哈士奇寵物犬的照片。結果，他們顯示了演算法由於其調轉撥盤的方式，是如何完全不以與狗有關的任何事物來當線索。演算法的答案是依據照片的背景有沒有雪。有雪：狼。沒雪：哈士奇。[13]

他們的論文發表後不久，我和劍橋大學數學教授法蘭克・凱利（Frank Kelly）聊天，他告訴我關於他和孫子的一段對話。當他正帶著四歲大的孩子走路去托兒所時，路邊有一隻哈士奇。他的孫子觀察說這隻狗「看起來像」狼。法蘭克問他怎麼知道那不是狼，他回答說：「因為牠用皮帶綁著。」

AI盟友

有兩樣東西是你希望優良的乳癌篩檢演算法能有的。你希望它**靈敏度**（sensitivity）夠高，能抓出所有長腫瘤的乳房都會出現的異常，不要漏掉影像畫素而聲稱這些乳房沒事。但你也希望它**特異度**（specificity）夠高，不要把完全正常的乳房組織標示為可疑。

我們之前在〈司法〉一章中已經談過靈敏度和特異度的原理，這兩個是**偽陰性**和**偽陽性**的近親（或是黑武士和天行者路克——你要問我的話，科學文獻就應該這麼提）。以我們此處正在討論的脈絡，偽陽性發生於健康婦女被告知她有乳癌，而偽陰性則是有腫瘤的婦女得到一切沒事的報告。特異度高的測試幾乎不會產生任何偽陽性，而靈敏度高的測試所產生的偽陰性極少。無論你的演算法是在何種脈絡下運作——再犯預測、乳癌診斷，或是（如我們在〈犯罪〉一章中將會看到的）犯罪活動鑑定模式——故事情節每次都一樣。你希望偽陽性和偽陰性盡可能減少。

問題在於，演算法的改良往往意味著要在靈敏度與特異度之間做選擇。如果你專注於改善其中一項，往往代表在另一項有損失。舉例來說，如果你決定把完全消除偽陰性列為優先，你的演算法可能會把每一個它認為可疑的乳房都標示出來。這麼一來會拿到靈敏度百分百的分數，你的目標當然得到滿足。但這意味著，完全健康卻接受非必要治療的民眾多得嚇人。或是說，你決定要把完全消除偽陽性列為優先，你的演算法就會把每個人都當成健康、放水通關，因此贏得特異度百分百的分數。太棒了！除非妳是演算法置之不理的腫瘤婦女之一。

有趣的是，人類病理學家在特異度方面通常不會有問題。他們幾乎從未把非癌細胞誤認為癌細胞，但的確在靈敏度上有一點辛苦。對我們來說，細小腫瘤的錯漏輕易得令人憂心——就連明顯惡性的腫瘤也是。

近年來一項設計成人類對抗演算法的挑戰中，人類的這些弱點被突顯了出來。在一場名為CAMELYON16的競賽中，來自世界各地所組成的電腦隊伍與一名病理學家正面對決，找出四百組玻片中的所有腫瘤。為了讓比賽簡單一點，這些病例分屬兩個極端：完全正常的組織和侵襲性乳癌。還有，病理學家沒有時間限制：想花多久看完這些切片都可以。一如預期，病理學家一般而言的整體診斷正確（百分之九十六準確度）[14]——過程中並未做出任何一個偽陽性鑑定。但他也漏掉許多隱藏在組織間的細小癌細胞，最後花三十小時只辨認出其中的百分之七十三。

需要檢查的畫素數目本身不必然是問題所在。人們會輕易漏掉非常明顯的異常，即使正對著這些異常之處看。二〇一三年，哈佛的研究人員把一個大猩猩圖案偷偷藏在一連串的胸腔掃描影像裡，請二十四名不疑有他的放射科醫師檢查這些影像有無癌症徵兆。其中百分之八十三沒有注意到那隻大猩猩，儘管眼部追蹤顯示大多數人確確實實正對著牠看。[15]你不妨自己試試次頁那張照片。[16]

演算法則有相反的問題。演算法會急著指認異常的細胞群，連完全健康的也不放過。例如，在CAMELYON16比賽期間，參賽的最佳類神經網路最後找出令人印象深刻的百分之九十二點四腫瘤[17]，但達到此一成果的同時，每組玻片出現八個錯將正常細胞群標示為可疑的偽陽性誤判。特異度這麼低，這個當前最先進的演算法肯定會變調成「人人都有乳癌！」的診斷方向，完全還不夠格產出它們自己的病理學報告。

不過，好消息是：我們現在並未要求它們產出報告，倒是打算把人類

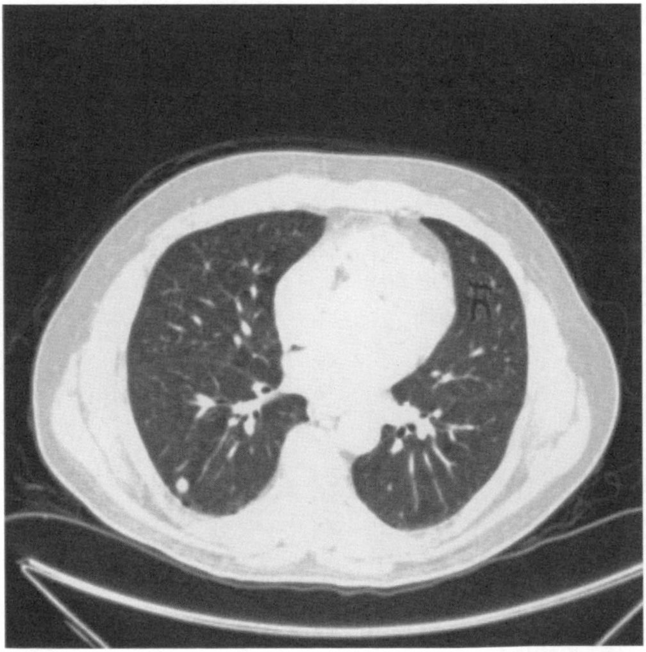

和機器的強項整合起來。演算法去做枯燥的苦工，搜尋玻片上數量龐大的資訊，標出一些有趣的關鍵區，接下來就由病理學家接手。機器標示出來的是不是癌細胞並不重要，人類專家可以快速檢查一遍，把正常的都剔除掉。這種演算法初篩的合作模式不只省下很多時間，也衝高了診斷的整體準確度，達到令人目瞪口呆的百分之九十九點五。[18]

這一切聽起來雖然很令人讚嘆，但事實是：人類病理學家一直很擅長診斷侵襲性癌性腫瘤。難診斷的是那些處於中間地帶的模糊病例，那個地帶的癌症與非癌症區分比較微妙。演算法在這上頭也幫得上忙嗎？答案（大概）是肯定的。但並非運用病理學家一直在用的複雜分類來診斷，反倒是演算法這麼擅長在細微片段的資料中找出隱藏的異常，或許可以提供一種更好的診斷法，做點人類醫生做不到的。

修女研究

一九八六年，一位來自肯塔基大學、名叫大衛．史諾頓（David Snowden）的流行病學家，設法說服六百七十八位修女提供她們的大腦給他。這些全屬聖母學校修女會（School Sisters of Notre Dame）的修女，同意參與史諾頓針對阿茲海默症病因的非比尋常科學研究。

研究剛開始進行時，這些女性年紀在七十五歲至一百零三歲之間，她們每一個人餘生中的每一年都要接受一系列記憶測驗。當她們過世時，她們的大腦會捐贈給該計畫。無論她們是否有失智症症狀，她們承諾要讓史諾頓的團隊取出她們最珍貴的器官，分析是否有失智症的病徵。[19]

修女們的慷慨使得一套極其出色的資料集得以創造出來。由於她們沒有人生過小孩、菸癮或酒癮很大，科學家得以排除許多據信會提高罹患阿茲海默症可能性的外在因素。而且因為她們有類似的生活方式，得到醫療保健和社會支持的管道類似，修女們等於自己做了實驗條件控制。

一切都進行得很順利，研究進行幾年後，研究團隊發現這個實驗組還提供了另一種他們可以去發掘的資料寶藏。此時已經年長的修女們，很多人在她們還是年輕女性、獲准誓願前，曾被要求交一篇手寫的自傳文章給修女會。那些文章寫於這些女性——平均來說——只有二十二歲時，在任何失智症症狀可能顯現的數十年之前。然而驚人的是，科學家在她們的文章裡發現的線索，預告了遙遠未來會發生在她們身上的事。

研究人員分析文章裡的語言複雜度，發現了修女年輕時有多能言善道與她們老年時失智症機率的關聯。

例如，下面是某位修女一句到底式的摘句，這位修女終其一生都保持絕佳的認知能力：

一九二一年我唸完八年級後便渴望去曼卡多（Mankato）當望會生但自己沒勇氣請求父母允許就由阿格雷達修女（Sister Agreda）替我去求而他們真的同意了。

把這句和一位晚年記憶力評分不斷下降的修女所寫的句子做個比較：

我離開學校後，在郵局工作。

這種關聯性如此強烈，以致研究人員單憑閱讀她們的信件，就能預測哪些修女會得失智症。後來罹患阿茲海默症的修女，有百分之九十在年輕時「語言能力低落」，而年老時仍保有認知能力的修女，只有百分之十三的文章拿到「觀念密度低」的評分。[20]

這項研究突顯的重點之一是，我們關於自己的身體還有多到不可思議的東西要學。就算知道可能存在此一關聯，還是沒有告訴我們**為什麼**（是因為受過良好教育才避開了失智症嗎？或是有阿茲海默症傾向的人覺得簡單的語言比較自在？）。但這或許暗示阿茲海默症會花上幾十年發展而成。

更重要的是，就我們的目標而言，這證明了：關乎我們未來健康的微妙徵象，可能隱藏在最微小、最意料不到的片段資料中——在我們開始顯露疾病症狀的多年之前。這暗示著，能夠深入挖掘資料的醫學演算法，未來的威力可能有多麼強大。或許有一天，演算法甚至能早在醫生之前好幾年就發現癌症徵兆。

預測的力量

一九七〇年代末，丹麥里伯郡（Ribe County）一群病理學家開始對屍體進行雙乳切除。這些已故婦女的年齡從二十二歲至八十九歲不等，八十三人之中有六人死於侵襲性乳癌。相當確定的是，當研究人員準備將切除乳房交給病理學家檢查時——每一個乳房切成四塊，然後將組織切成薄片放在載玻片上——這六個樣本顯示出該項疾病的特徵。但令研究人員驚奇的是，在剩下的七十七名婦女當中——她們的死因完全不相關，包括心臟病和車禍——將近四分之一出現病理學家在活的病人身上會特別注意的乳癌警兆。

這些婦女之中的十四位不曾顯示任何病徵，卻有著從未擴散到乳管或乳腺之外的原位癌細胞。如果這些婦女還活著，這些細胞會被視為惡性乳癌。三位有非典型細胞，這些細胞也會被標示為切片中令人關切的事物，而一名婦女確實有侵襲性乳癌，她過世時卻一點都不知道。[21]

這些數字令人驚訝，但該研究並非湊巧。其他研究人員也發現類似的結論。事實上，有些人評估，任一時刻都有大約百分之九的婦女，可能不自覺地帶著乳房腫瘤四處跑[22]——所占比例約十倍於實際診斷出乳癌的婦女。[23]

所以到底是怎麼了？我們有一種沉默的流行病需要照料嗎？在醫學改革人士、蒙特婁麥基爾大學（McGill University）外科住院醫師強納森・卡內夫斯基博士（Dr Jonathan Kanevsky）看來，答案是沒有。至少不是真的有。因為癌症的出現不必然是個問題：

> 如果某人體內有癌細胞，可能他們的免疫系統會把它認定為突變細胞，直接加以攻擊並殺死——那癌細胞不會長成可怕的東西。但有時候免疫系統會把事情搞砸，意思是身體支持癌細胞生長、容許它發展。那時，癌症就會致命。[24]

並非所有腫瘤的形成過程都一樣。有些會被你的身體處理掉，有些在那兒開開心心地待到你死的那一天，有些可能發展為成熟的侵襲性癌症。麻煩的是，我們往往沒什麼辦法得知最後哪一個會變成哪一種。

這就是為什麼這些介於良性和極度惡性之間的分類問題會這麼大。這些是醫生工作時必須使用的分類，但如果醫生在你的切片裡發現一簇細胞似乎有點可疑，他們選擇的標示只能協助描述有什麼東西現正躺在你的身體組織裡。但說到給你的未來提供線索，這種標示不見得會有多大助益。而當然囉，焦慮的病人最關切的就是未來。

結果，人們在選擇治療方法時往往過於小心。以原位癌為例，這個類別所在位置靠近光譜中比較令人憂心的一端，那裡已經出現了癌性增長，但還沒有擴散到周邊組織。這雖然聽來嚴重，但只有十分之一左右的「原位」癌會轉變成某種可能致你於死的東西。儘管如此，在美國，聽到此一診斷的婦女有四分之一會接受全乳切除術——一種從生理面、往往還有情緒面改變生命的重大手術。[25]

事實是，你越積極篩檢乳癌，越對那些原本會快樂過生活、忘掉無害腫瘤的婦女造成影響。英國一個獨立委員會的結論是，每有一萬名婦女在接下來的二十年依通知去做乳房攝影篩檢，就能預先阻止四十三個因乳癌而死的病例發生。發表在《新英格蘭醫學期刊》（*The New England Journal of Medicine*）的一項研究做出結論，每十萬名接受例行乳房攝影篩檢的婦女中，有三十人會檢測出原本可能變得危害生命的腫瘤。[26]然而，有三或四倍於此數——端看採用的是哪一組統計數字——的婦女被過度診斷，針對根本不會置她們生命於險境的腫瘤去接受治療。[27]

若你善於偵測異常卻拙於預測這些異常會如何演變，過度診斷和過度治療的問題很難解決。

但，還是有希望。或許——就像寫文章的修女們——人們的健康在多年後的未來會如何演變，可以從他們過去和現在的資料找出隱藏其中的細微線索。若真如此，挖出這類資訊將是類神經網路絕佳的工作目標。

醫生為了弄清楚某一異常**為什麼**比另一異常更危險，奮鬥了數十年，而沒有被教導在這個領域裡該找些什麼的演算法，說不定可以有出色表現。只要你能蒐集數量夠多的一組切片（包括最後發生轉移——擴散到身體其他部位——和沒有轉移的腫瘤樣本），來訓練類神經網路，它便能無知就是福，免於任何隨理論而來的偏見，搜尋與你的幸福有關的隱藏線索。正如卡內夫斯基所言：「要確認每一幅影像之中與腫瘤是否轉移相對應的專屬特徵，可能得靠演算法了。」[28]

有了這種演算法，你的切片屬於哪一種類別，就變得沒那麼重要了。你不需要煩惱分類的理由或方式，可以直接跳過去處理真正要緊的資訊：需不需要接受治療？

好消息是：像這種演算法的研究早就開始了。我們之前提過的哈佛大學病理學家、PathAI 執行長貝克，不久前放手讓他的演算法自行處理取自荷蘭病患的一系列樣本後發現，病患存活性的最佳預測因子並不在癌組織本身，而在鄰近組織的其他異常。[29]這是一項重大進展——演算法自己推動研究向前發展的具體例證，證明演算法可以發現改進我們預測能力的模式。

當然，現在有多到不可思議的資料可供我們利用。由於世界各地的例行乳房攝影篩檢，我們所擁有的乳房組織影像大概比體內其他任何器官的影像都多。我不是病理學家，但和我談過話的每一位專家都令我確信，可靠預測某一難搞樣本會不會成癌的能力，已經清楚在望了。到了本書英文平裝版發行時，有非常真實的機會，某個地方的某個人會讓這個改變世界的觀念落實成真。

數位診斷

這些觀念的應用遠超過乳癌領域。貝克和其他人正在打造的類神經網路並不特別在意它們要去看的是什麼東西。你可以要求它們對任何東西做分類：狗、帽子、乳酪。只要你讓它們知道什麼時候答對、什麼時候答錯，它們就會學起來。而如今這個演算法分支完善到可供使用，正對現代醫學的所有領域產生影響。

舉例來說，近期有一項重大成就出自於 Google Brain 的團隊，他們打造了一套演算法，對世界上可預防的失明原因中最大的一項——糖尿病視網膜病變——進行篩檢。這是一種對眼部感光區血管產生影響的疾病。如果你知道自己有這種病，可以接受注射以挽救你的視力，但要是沒有及早發現，會導致不可逆的失明。在印度，要找到有能力診斷病情的專家，管道有限，患有糖尿病視網膜病變的人有百分之四十五會在知道自己有這種病之前，就喪失部分視力。Google 團隊的演算法是與來自印度的醫生合作打造，如今對病情的診斷和人類眼科醫生一樣厲害。

和這種情況類似，有些演算法尋找心臟的心血管疾病[30]、肺臟的肺氣腫[31]、大腦的中風[32]和皮膚的黑色素瘤[33]。甚至有些系統在大腸鏡檢查過程中即時診斷出息肉。

事實上，如果你可以拍張照片並貼上標籤，就能設計一套演算法來找。而且，你有可能最後會得到比任何人類醫生所能做到都更加準確（而且可能更早一步）的診斷。

但要是醫療資料的型態比較散亂呢？這些演算法的成就能否更進一步，走得比這種種高度分殊、目標侷限的任務更遠？例如，機器能否在你的醫生潦草的筆記中找出意義？或是從你對於正在經歷的痛苦所做的描述中，察覺到細微的線索？

來個終極醫療保健的科幻情節，如何？在你的醫生診療室裡，有一部機器細心凝聽你的症狀並分析你的醫療史？我們可不可以大膽想像，有一部機器熟悉尖端醫學研究的每一個細節？這部機器提供精確診斷及量身打造的治療計畫？

簡言之，某種有點像是ＩＢＭ人工智慧系統「華生」（Watson）的東西，如何？

親愛的，這是最基本的

二〇〇四年，查爾斯·利可（Charles Lickel）和幾個同事正在紐約一家餐廳大嚼牛排晚餐。大餐吃到一半，用餐區開始變空了。利可受到吸引，跟著用餐群眾走，發現他們圍著一台電視擠成一團，熱切地觀看廣受歡迎的益智節目《危險邊緣》（*Jeopardy!*）。著名的《危險邊緣》冠軍肯·詹寧斯（Ken Jennings）有機會守住他破紀錄連贏六個月的戰績，用餐客人不想錯過。[34]

利可是ＩＢＭ的軟體副總裁。過去幾年，打從超級電腦「深藍」在棋盤上擊敗卡斯帕洛夫以來，ＩＢＭ的老闆們一直對利可喋喋不休，要他去找一項能引起公司注目的新挑戰。當利可站在紐約餐廳裡，看著用餐客人對這個《危險邊緣》冠軍如此著迷，開始好奇是否能夠設計一部機器來打敗他。

這可不容易。利可在那家餐廳中想像的這部名叫「華生」的機器，花了七年打造完成。最後「華生」在《危險邊緣》的特別節目中挑戰詹寧斯，並在這個已成詹寧斯囊中物的比賽裡，令人心服口服地擊敗他。過程中，ＩＢＭ給自己設定的方向是要打造全世界第一部全功能診斷機器。我們等一下會回來談這個。但首先，且讓我為你詳細說明構成醫療診斷演算法基礎的《危險邊緣》獲勝機器背後的一些重要觀念。

對於那些從未聽過《危險邊緣》的人，這裡稍加說明。這是美國廣為人知的競賽節目，採取的形式為一般性知識的倒推式機智問題：參賽者得到的線索是採答案的格式，必須表述成問題的格式來應答。舉例來說，在「自我抵觸的用詞」這個類別中，線索可能是：

用來將某物壓緊的緊固件；可能會因為受熱或壓力而彎折、扭曲且突然鬆開。

演算法參賽者必須學會要穿透幾層才能找到正確的答案：「『搭扣』的意思為何？」首先，「華生」需要對語言有夠好的理解，才能從問題中導出意義，並了解「緊固件」、「壓緊」、「彎折」、「扭曲」和「突然鬆開」全都是線索的個別元素。這本身就是對演算法的巨大挑戰。

但那只是第一步。接下來，「華生」需要尋找適合每一個線索的可能備選。「緊固件」一詞可能會召喚出各式各樣的潛在答案：例如「扣環」、「鈕扣」、「圖釘」和「領帶」，還有「搭扣」。「華生」需要依序考慮每一種可能，並衡量與其他線索的合適程度。所以，雖然你不太可能找到「圖釘」與「彎折」、「扭曲」等線索有關聯性的證據，但「搭扣」這個詞顯然可以，這促使「華生」更加相信這個詞是一個可能的答案。最後，一旦所有證據都組合好，「華生」必須選出單一答案，象徵將它想像的賭金投入隱喻的投幣口。

噯，比起診斷疾病的挑戰，參加《危險邊緣》比賽的挑戰真的不算什麼啦，但確實需要一些相同的邏輯機制。想像你去找醫生，抱怨意料之外的體重減輕和肚子痛，外加有一點胃部灼熱感。和參加《危險邊緣》比賽做類比，挑戰點在於找出或許可解釋這些症狀（線索）的可能診斷（應答），尋找每一種診斷的進一步證據，並在可以取得更多資訊時，提升對於特定答案的信心。醫生稱此為鑑別診斷（differential diagnosis），數學家稱之為貝氏推論（Bayesian inference）。*

即使成功將「華生」設計成益智問答冠軍，要打造「華生」為醫學天才依然不是一項簡單的任務。話雖如此，當ＩＢＭ公開他們進軍醫療保健的計畫時，並未怯於做出偉大的承諾。他們告訴全世界，「華生」的終極任務是要「根絕癌症」[35]，並聘請知名演員喬·漢姆（Jon Hamm），將之吹捧為「我們人類所創造過最有力的工具之一」。

這當然是一種啟發我們所有人的醫學烏托邦願景，只是——你們大概已經知道——「華生」還沒有真的實現它所畫的大餅。

首先是德州大學安德森癌症中心（University of Texas MD Anderson Cancer Center）一份提高聲望的合約在二〇一六年終止。謠傳即使安德森中心已為這項科技支付六千兩百萬美元[36]、耗時四年運作，「華生」還是無法通過高度監督下的前導測試。接著二〇一七年九月底，保健新聞網站ＳＴＡＴ進行的研究報告指出，「華生」那時「還在學習不同癌症型態的基本階段掙扎」。[37]

噢。

持平來說，不全是壞消息。在日本，「華生」的確診斷出一名婦女罹患罕見型態的白血病，醫生沒做到，而「華生」做到了。[38]而且在「華生」進行的分析引導下，發現五種與運動神經元疾病、也就是肌萎縮性脊髓側索硬化症（ALS）相關的基因。[39]但整體來說，IBM的程式設計師還沒能真正實現情緒亢奮的行銷部門所做的承諾。

很難不對所有想要打造這種機器的人感到同情。理論上是有可能打造出一部可以診斷疾病的機器（甚至提供病患合理的治療計畫），而且這是一項令人敬佩的目標。但也真的是很困難。比參加《危險邊緣》比賽要難上許多，比辨識出影像中的癌細胞要難上許多、許多。

一部全功能的診斷機器，或許看似不過是我們先前談過以影像找癌症的演算法簡單、合乎邏輯的下一步，但那種演算法有一項重大優勢：它們有機會檢視可能正在製造問題的實際細胞。相較之下，診斷機器所得到的只是離根本問題還有幾步遠的資訊。或許病患太常搬重物導致壓迫神經，進而導致肌肉痙攣，進而導致針刺感。又或許他們飲食不當導致便祕，進而導致痔瘡，進而導致糞便帶血。演算法（或醫生）必須取單一症狀並一路往回追查，得出精準的診斷。這就是

*原注：〈車輛〉一章對貝氏有更多介紹。

「華生」必須做的，是一項極為艱巨的任務。

而且，問題不只於此。

還記得那個狗／狼類神經網路嗎？訓練那種東西很簡單。程式設計師需要做的，只是找一疊標示有「狗」或「狼」的照片投進去。這個資料集簡單又不模稜兩可。「但是，」正如電腦病理學家湯瑪斯・富克斯（Thomas Fuchs）告訴《麻省理工科技評論》（*MIT Technology Review*）的：「在一個特化的醫學領域中，你可能需要受過幾十年訓練的專家，來正確標示你要投入電腦的資訊。」[40]

如果問題真的很聚焦（像是把乳癌病理學玻片分類為「完全良性」和「極度惡性」），這個難關說不定過得了。但無所不見的診斷機器如「華生」，差不多每一種可能的疾病都需要了解。這需要一支勝任程度高到不可思議的人類大軍來扮演訓練師，準備將不同病患及其長期詳細病徵的資訊投入這部機器。一般來說，那些人通常還有其他事要做——像是真正動手去拯救生命。

接下來，我們要談到最後一道難題。所有難題之中最難克服的一項。

麻煩的資料

塔瑪拉．米爾斯（Tamara Mills）還只是個小嬰兒時，她的父母頭一次注意到她的呼吸有點不對勁。到她九個月大，醫生已經診斷出她有氣喘——英國有五百四十萬人、美國有兩千五百萬人受這種體質影響。[41]雖然塔瑪拉的年紀比大多數患者都小，但她的症狀在年幼時得到完善處理，成長過程和任何一個有這種體質的小孩很像，童年時光是在英國北部海邊玩耍度過（雖然手邊隨時擺著吸入型藥劑）。

八歲時，塔瑪拉染上了病情凶猛的豬流感。事後將證明這是她身體健康的轉捩點。從那時起，胸腔感染一次接著一次來。有時候，在她氣喘發作期間，嘴唇會變藍。但無論塔瑪拉和母親有多頻繁去看醫生、上當地醫院，無論她的父母多常抱怨說她把吸入藥劑存量用光的速度比他們拿到處方還快[42]，就是沒有任何醫生建議她去找專家。

另一方面，她的家人和老師明白，事情變得越來越嚴重。在兩次幾乎致命的發作把塔瑪拉送進醫院之後，她獲准不用上學校的體育課。當家裡的樓梯階數多到爬不上去，她去和爺爺奶奶一起住在他們的平房。

二〇一四年四月十日，塔瑪拉因為又一次胸腔感染而過世。那天晚上，她的祖父發現她呼吸困難。他打電話叫救護車，盡他的全力用兩瓶吸入藥劑和一支氧氣筒來幫她。塔瑪拉當晚稍後過世，年僅十三歲。

氣喘通常不是致命的病，但英國各地每年有一千兩百人死於氣喘，其中二十六人是兒童。[43]據估計，這些死亡個案有三分之二是可預防的——像塔瑪拉就是。但這種預防完全取決於是否發現警兆並採取行動。

一步步走向最終致命發作的這四年，塔瑪拉看醫生、上醫院不少於四十七次。她的治療計畫顯然並不管用，而每次她去看醫療保健專家，他們只處理眼前的問題。沒有人在看全局。沒有人發現她就醫過程中浮現的模式；沒有人注意到她的病情正穩定惡化；沒有人建議該是嘗試新法子的時候。[44]

這是有理由的。無論相信與否（每一個住在英國這裡的人大概都會相信），英國國民保健署（National Health Service, NHS）並未將其醫療保健紀錄的彙整連結當成是一種標準做法。如果你人在國民保健署醫院，醫生對於你在社區全科醫師那裡的就診紀錄一無所知。許多紀錄依然記載在紙本上，這意味著醫生之間的分享方式數十年來沒有改變。這就是為什麼英國國民保健署常保「全世界傳真機最大買家」這個奇怪頭銜的原因。[45]

雖然這聽起來瘋狂，但英國人並不孤單。美國擁有過剩的私家醫生與龐大的醫院網絡，但彼此之間不相連結；儘管其他國家如德國，已經開始建立電子病歷，但要成為通行全世界的常規，還有一大段路要走。以塔瑪拉來說，缺乏單一、彼此連結的醫療紀錄，代表任何個別醫生都不可能充分了解她病情的嚴重性。令人難過的是，針對此一影響深遠的缺失所提出的任何解決辦法，對塔瑪拉來說都來得太遲，但卻依然是未來醫療保健的一大挑戰。像「華生」這樣的機器可能有助於挽救眾多的塔瑪拉，但只有當這些資料被蒐集、校勘且連結起來，這機器才有辦法從資料中找出模式。

資料仲介手上豐富且詳盡的資料集，與醫療保健所能找到稀稀落落且不相連結的資料集之間，有著明顯的落差。目前來說，醫療紀錄是一團亂。即便我們詳盡的醫療紀錄存放在單一地點（通常不是），這些資料本身所採取的形式這麼多樣，幾乎不可能以演算法可用的任何方式將資訊連結起來。掃描檔要評估、報告要納入，圖表、處方、加註紙條：這沒完呢。於是，你有書面資料如何記錄的問題，你必須能夠了解所有的字首縮寫和簡稱、判讀手寫體、鑑定人為錯誤的可能性。而你這還沒說到症狀呢。這個人寫 cold 是指體溫低？或是傷風咳嗽？*這個人的肚子「痛死了」，是字面上那個意思嗎？或只是有點痛？重點是，醫療真的、真的很複雜，而且每一個層

*譯注：cold 除了「冷」之外，還有「一般傷風感冒」之意。

次的複雜性都讓機器對資料的穿透性又少了一點。[46]

藍籌股大咖之中，IBM並不是唯一和醫療保健資料混亂、毫無結構的問題纏鬥過的公司。二〇一六年，Google的人工智慧主力DeepMind，與倫敦皇家免費國民保健署信託基金（Royal Free London NHS Foundation Trust）簽署一項合約。DeepMind獲准取得倫敦市三家醫院的醫療資料，回報條件是一套能協助醫生鑑別急性腎臟損傷的應用軟體。最初的打算是運用聰明的學習型演算法來協助醫療保健；但研究人員發現，他們必須抑制自己的企圖心，選擇單純許多的項目，因為要達到他們的原始目標，這些資料就是不夠好。

除了這些純實務上的挑戰之外，DeepMind與國民保健署的合作引發更具爭議性的話題。研究人員只有承諾會向醫生警示腎臟損傷，但倫敦皇家免費國民保健署信託基金沒有腎臟資料庫可以給他們。因此，DeepMind改而獲准取得紀錄上的**每一樣東西**：大約一百六十萬名病患過去整整五年以上的醫療紀錄。

理論上，有了這麼一筆不可思議的資訊寶庫，可以協助拯救無數生命。急性腎臟損傷在英國每個月奪去一千人的生命，而有了回溯這麼遠的資料，可能可以協助DeepMind辨識紀錄上的重要趨勢。再加上腎臟損傷在患有其他疾病的人身上更為常見，一個大範圍的資料庫，將使得人們未來健康的線索與關聯性搜尋起來變得容易許多。

話雖如此，該計畫的消息並未令人振奮，反而迎來了怒潮，而且不是無理取鬧。讓Deep-Mind取得紀錄上的每一樣東西，確確實實就是這個意思。公司獲知誰在何時入院、他們住院期間有誰來探病，病理檢驗報告、放射檢查的結果，誰墮胎、誰有憂鬱症，甚至誰曾經被診斷得了HIV。而最糟糕的是哪一點？是從未有人徵求過病患本人的同意、從未有人給過他們退出的選項，甚至從未有人告知他們是該研究的一環。[47]

應該補充一下，Google被禁止將此資訊用於其商業活動的其他任何部分。而且——持平來說——在資料安全性方面，Google的過往紀錄比國民保健署好得多，國民保健署的醫院在二〇一七年被北韓的電腦勒索病毒搞到停擺，因為他們還在使用Windows XP。[48]即使如此，一家強大到難以想像、領先全世界的科技公司，有權取得那種與你個人有關的資訊，還是頗令人困擾。

隱私問題

老實說吧，Google並非真的沒有我們每個人私人、甚至私密的資訊。但關於醫療紀錄，有些事情本能感覺起來就是不一樣——格外機密。

對身體健康的人來說，之所以如此，個中原由或許不是那麼一望即知地顯而易見：畢竟，如果你必須在你的醫療紀錄與網路瀏覽紀錄之間，擇一向全世界公布，你比較想選哪一個？我知道我毫不猶豫會選前者，而且我猜很多人也是。並不是我有什麼特別想要隱藏的，但一個只是我生物性存在乏善可陳的一張快照，另一個則是一扇直視我個性的窗戶。

即使醫療保健資料引發尷尬的可能性或許較低，但《大數據：大小很重要嗎？》（*Big Data: Does Size Matter?*）一書作者、BBC廣播四台（Radio 4）節目《未來不過時》（*Future Proofing*）主持人蒂曼妲．哈珂妮絲（Timandra Harkness）主張，這依然是一種特殊狀況。

「首先，很多人的醫療保健資料包含了他們一生的故事，」她告訴我：「舉例來說，英國三分之一的婦女曾經流產──有些人可能自己一輩子都不知道。」她也指出，你的醫療紀錄不只和你有關。「如果某人有了你的基因資料，也會對你的父母、你的兄弟姊妹、你的孩子略有所知。」一旦資料外流，就甩不掉了。「你沒辦法改變你的生物特質，或是加以否認。如果有人取得你的DNA採樣，你沒辦法改變DNA。你可以在臉上動整形手術，你可以戴手套遮掩你的指紋，但你的DNA總是在那兒，總是和你連在一起。」

這有什麼要緊？哈珂妮絲告訴我關於她在二〇一三年主持過的一個焦點團體訪談，研究中一般民眾被問到，他們的醫療資料中有什麼最令他們在意？「整體而言，人們對於他們的資料被駭或遭竊不那麼擔憂。他們在意的是，把他們當成一個群體做出一些假設性主張，然後投射到他們個人身上。」

其中，他們最在意他們的資料會以什麼方式被用來對付他們。「假設有人把他們的超市會員卡和他們的醫療紀錄連結起來，而他們可能要去動臀部手術，醫生會說，噢，很抱歉，我們這裡看到你一直買很多披薩，或是你一直買很多香菸，恐怕我們必須把你移到等待名單的後段。」

在英國，這是非常合理的恐懼，有些財政拮据的國民保健署醫院，已經開始優先為非吸菸者進行膝蓋及臀部手術。[49]世界各地也有很多國家，可以拒絕糖尿病患者投保或治療。[50]

這裡存在著某種兩難。就人類整個物種而言，可以因醫療紀錄對演算法開放而得到巨大的好處。「華生」不會一直是個幻想，但要讓它成真，我們需要把我們的紀錄交給夠有錢的公司，才能拽著我們艱苦跋涉，通過橫亙於我們和那神奇電子醫生之間的種種挑戰。而由於放棄了隱私權，我們的紀錄可能受到危害、遭竊取或被用來對付我們，種種危險將一直如影隨形。你準備好要承受此一風險了嗎？你對這些演算法及其利益的信任，足以令你犧牲自己的隱私嗎？

或是，如果有一天走到這個地步，你還會不會在乎呢？

基因洩天機

高爾頓（Francis Galton）是維多利亞時代的統計學家、人類遺傳學家，他那個世代最傑出人士之一——也是達爾文的半表弟（half-cousin）*。他的許多觀念對現代科學有深遠影響，尤其是他的研究為現代統計學奠定了重要基礎。為此，我們應該對高爾頓致上誠心感激之意（不幸的是，他也活躍於剛萌芽的優生學運動，我們對此當然就不表謝意了）。

高爾頓想透過資料來研究人類特質，而即使在當時，他也知道需要很多資料才能把感興趣的事真正學會。但他了解，人們對自己的身體有著沒完沒了的好奇。他明白，只要以正確的方式加以刺激，人們想讓專家來評估自己的那種渴求，可以壓過他們對隱私的想望。甚至，他們往往願意付錢，來享受渴求滿足後所產生的愉悅。

因此，一八八四年，當倫敦在維多利亞女王的贊助下，舉辦一場大型博覽會，以慶祝英國在醫療保健上的進步，高爾頓看到了他的機會。他自己出錢在博覽會上設了一個攤位——他稱之為「人體計測實驗室」（Anthropometric Laboratory）——希望能在幾百萬參觀者中找到一些想花錢接受測量的人。

他找到的可不只一些。客人在外頭大排長龍，門口擠成一團，急著繳一人三分錢進實驗室。

一進到裡面，他們就能使出渾身解數來對付一系列特別設計的儀器，測試他們的視覺靈敏度、視力鑑定、拉力和握力，以及出拳的速度。[51]高爾頓的實驗室大受歡迎，以至於他必須一次放兩個人進來（他很快就注意到，測試時最好是把父母和孩子隔開，以免因為自尊心受損而浪費時間。活動過後，他在報紙上寫了一篇文章，做了這樣的評語：「老的不喜歡被小的幹掉，堅持要再試一次。」[52]）。

無論每個人表現得好或壞，他們的結果都抄錄在一張白色卡片上，讓他們留作紀念。但真正的贏家是高爾頓。他離開博覽會時，帶著一份所有紀錄的完整複本——一套很有價值的九千三百三十七人生物測量資料——外加一筆可觀的獲利。

時間快轉一百三十年，你或許就能從時下流行的基因測試中看出幾分相似之處。付了優惠價一百四十九英鎊，你可以送出一份唾液樣本給基因體及生物科技公司 23andMe，換得你的遺傳性狀報告，包括這類問題的答案：你的耳屎是哪一種？**你**有一字眉的基因嗎？[53]或是使你看太陽會打噴嚏的基因？[54]還有一些比較嚴肅的：你容易得乳癌嗎？你有阿茲海默症的遺傳體質嗎？[55]

在此同時，該公司很聰明地累積了巨大的基因資訊資料庫，如今已擴張到數百萬份樣本。這

＊譯注：高爾頓的母親和達爾文的父親是同父異母兄妹。

正是網路巨擘一直在做的事，除了沒有交出我們的ＤＮＡ做為交易的一部分之外，我們把我們所擁有最個人的資料雙手奉上。其結果是一座我們所有人都可能從中獲益的資料庫。由於有促進我們對人類基因組理解的潛力，這座資料庫成了價值驚人的資產。世界各地的學者、製藥公司和非營利組織，爭相要與23andMe合作探索其資料中的模式——借助於、不借助於演算法都有——希望能回答那些影響我們所有人的大哉問：各種不同疾病的遺傳性致因為何？有沒有新藥能發明出來治療病情特殊的人？有沒有更好的方法可以治療帕金森氏症？

該資料庫的價值也有更加貼近字面的意義。雖然他們所做的研究帶給社會難以估量的好處，但23andMe這麼做並非出自善心。如果你授權同意（有百分之八十的客戶這麼做），該公司會將你的基因資料以匿名形式賣給前述那些研究夥伴，賺取可觀的利潤。[56]對該公司來說，這筆賺來的錢並非開心笑納的意外之財，而是他們真正的營運計畫。23andMe董事會一名成員告訴《快公司》雜誌（*Fast Company*）：「這裡的長期布局不是賣健檢套餐賺錢，雖然這些套餐對取得基本程度的資料是必要的。」每當你寄出樣本換取商用基因報告，有件事應當牢記在心：你不是在使用產品，你就是產品。[57]

莫忘叮嚀。我對那些保證資料匿名的承諾也有點擔心。二〇〇五年，一名經由完全匿名捐精而受孕生下的年輕男子[58]，寄出唾液拭子接受分析，在他自己的ＤＮＡ編碼中尋找線索，設法追查並鑑定出他的親生父親。[59]接著在二〇一三年，一群學者在一篇聲名卓著的論文中證明，幾百萬人的身分可能藉其基因而指認，所用設備不過是一台家用電腦，加上幾次聰明的網路搜尋。[60]

還有另一個理由，你可能因此不希望自己的DNA出現在任何資料庫裡。雖然有很多法律準備就緒，要保護人們免於種種最惡劣的基因歧視——所以，我們不太會走向以遺傳體質而非才能論定貝多芬或霍金的那種未來——但這些規定不適用於人身保險。如果你不想，沒有人可以叫你做DNA檢測，但在美國，保險公司可以問你是否已經做過測試，以計算你發生特定疾病如帕金森氏症、阿茲海默症或乳癌的風險，如果答案不如他們的意，就會拒保你的人身險。而在英國，保險公司獲准將亨丁頓舞蹈症的基因測試結果納入考量（如果保額超過五十萬英鎊的話）。[61]當然，你可以試著隱瞞，假裝你從未做過這項測試，但這麼做會讓你的保單失效。避免這種歧視的唯一辦法，是一開始就絕對不要做測試。有時候，無知真的是福啊。

事實是，對我們健康的了解，沒有比數百萬人基因組定序的資料庫更有價值了。儘管如此，近期內我大概不會接受基因測試。但**現在**還是有數百萬人——感謝這個社會——自願交出他們的資料。最近一次計算，23andMe 擁有超過兩百萬接受過基因型鑑定的客戶[62]，而 MyHeritage、Ancestry.com——甚至是國家地理學會基因地理計畫（National Geographic Genographic Project）——還要再多上幾百萬。所以，或許這是一個不是難題的難題。畢竟，市場機制說了算：拿你的隱私來做以物易物交換的話，為偉大公益做出貢獻的機會或許不值得交換，但發現你有百分之二十五的維京血統，當然可以囉。*

最大的善？

好啦，我開玩笑的啦。不可能合理期待任何人在決定要不要寄出樣本接受基因測試時，把人類醫療保健的未來所面臨的重大挑戰，擺在自己心中的第一順位。真的，完全可以理解人們不會這麼做——我們對於個體的自我與整體的人類，有不同的優先順位組合。

但這的確帶我們來到最後一個重點。如果**有辦法**打造出一部能夠提出治療建議的診斷機器，這部機器應該為誰服務？某個個人，或全體人群？因為總會有必須做出抉擇的時刻。

舉例來說，想像你因為咳嗽很嚴重去看醫生。你只靠自己大概也可以慢慢好起來，但如果是機器在為你這名病患服務，它可能會想把你送去照X光和驗血，只是為了安全起見。大概也會開給你抗生素，如果你要求的話。即使只是縮短病痛幾天，如果你的健康和舒適是唯一的目標，演算法大概會認定值得做這樣的處方。

但如果機器被打造成為全體人群服務，它對抗生素抗藥性的課題就會在意得多了。只要你不是有立即的危險，你暫時的不適相較之下似乎無關緊要，演算法只會在絕對必要時給一點藥。這一類的演算法可能也會擔心資源浪費，或意識到還有很多病人在等，所以可能不會送你去做進一步檢查，除非你有其他更嚴重的症狀。坦白說，它大概會叫你吃點阿斯匹靈，不要繼續這樣窩窩囊囊了。

同樣地，一部為所有人服務的機器決定誰該接受器官移植時，可能把「盡可能多救幾條命」當作優先考慮的核心目標。這樣產生的治療計畫，很可能不同於只考慮你一個人利益的機器。為國民保健署或保險公司工作的機器，只要有可能，大概都會盡量降低成本，而設計來服務製藥公司的機器，可能會以推廣使用某種特定藥物而非其他藥物為目標。

醫療案例當然不像刑事司法的例子有那麼多的緊張關係。這裡沒有被告和原告，醫療保健系統裡的每個人都是為了相同目標——讓病人康復——在努力。即使如此，過程中每一個部門的目標組合都有微妙的差異。

*原注：正如我的遺傳學家好友亞當・拉塞福（Adam Rutherford）對我詳細說明的，你沒辦法真的分辨某人是不是維京後代，我寫這個頂多是唬弄他一下。要了解何以如此的背後真正的科學，請參見拉塞福的著作《我們人類的基因：全人類的歷史與未來》（*A Brief History of Everyone Who Ever Lived: The Stories in Our Genes*, London: Weidenfeld & Nicolson, 2016）。

無論演算法被引進生活中的哪一個切面，總是會有某種的平衡。在隱私與公益之間，在個人與全體人群之間，在不同的挑戰與優先順位之間。要找出一條路線通過彼此糾纏的各種誘因，並不容易，即便在路的終點明明白白地擺著唯一的獎項：給所有人更好的醫療保健。

但當彼此競爭的誘因被隱藏而不得見，當演算法的好處過度宣揚、風險諱而不言，當你必須自我質疑那些你被告知該相信的事，以及誰可能因你相信這些事而獲益，那就更加棘手了。

6 ／車輛

二〇〇四年三月十三日清晨，太陽才剛剛率先升起於地平線之上，位於莫哈維沙漠中央的 Slash X 沙龍酒吧已經塞滿了人。[1]酒吧在洛杉磯和拉斯維加斯之間的小鎮巴斯托（Barstow）近郊，鄔瑪．舒曼在附近拍過電影《追殺比爾》（*Kill Bill*）第二集從棺材爬出來的橋段。[2]這是個廣受牛仔和越野車玩家喜愛的地點，但那個春日所吸引到的是另一種牛仔的注目。酒吧外頭沙塵中臨時搭建的競技場，擠滿了瘋狂的工程師、興奮的觀眾和蠻幹的汽車狂，他們共有一個相似的夢想：成為地球上最先見證無人駕駛車在競速比賽中獲勝的人。

比賽是由美國國防高等研究計畫署（US Defense Advanced Research Projects Agency, DARPA，綽號是國防部「瘋狂科學」署）策畫。[3]該署對無人交通工具感興趣已經有好一段時間，而且有充分的理由：路邊炸彈、鎖定軍用車輛的攻擊，是戰場上一大死因。那一年稍早，他們宣布打算在二〇一五年之前，讓美國地面軍力三分之一的交通工具自駕。[4]

截至當時，進展始終緩慢又很花錢。美國國防高等研究計畫署二十多年來已經花了大約五億美元，資助各大學及公司的研究工作，以期達成他們的企圖。[5]但那時他們想到一個很天才的點子：為什麼不創設一場競賽？他們會公開邀請全國各地任何有興趣的人設計他們自己的無人駕駛車，在長距離賽道上進行對抗競速賽，贏家有一百萬美元獎金。[6]這將是世界上第一個這類型的活動，也是快速又便宜的方法，讓美國國防高等研究計畫署在追求他們目標的路上踏出第一步。

路線設計超過一百四十二英里，而且美國國防高等研究計畫署沒打算放水。有陡坡爬升、巨石、急降坡、沖蝕溝、崎嶇地形，還有奇形怪狀的仙人掌得去奮戰。無人駕駛車必須通過有時只有幾英尺寬的泥土賽道。出發前兩小時，主辦單位給了每一支隊伍一片GPS定位座標光碟。[7]這些座標代表兩千個像麵包屑一般沿路散布的航點——剛好夠讓這些車子對於該往哪去有個粗略的概念，但不足以協助它們通過橫亙前方的障礙。

挑戰滿嚇人，但第一年就有一百零六支勇氣十足的隊伍報名。十五支參賽隊伍通過資格賽，被認可車子安全性足以開上賽道。其中有看起來像沙灘車的車子、看起來像電影《怪獸卡車》（*Monster Trucks*）的車子，還有看起來像坦克的車子。傳言有一支參賽隊伍拿房子抵押貸款來打造他們的車子，另一支隊伍在車頂裝上兩塊衝浪板以醒人眼目。甚至有一輛是自平衡摩托車。[8]

比賽那天早上，一整排搖搖晃晃的車子聚集在Slash X酒吧，外加幾千名觀眾。車內沒有任何駕駛人，一輛輛依序開進起跑點，每一輛看起來都比前一輛更像是電影《瘋狂麥斯》（*Mad Max*）和電視卡通《瘋狂大賽車》（*Wacky Races*）裡的車子。但看起來怎樣不重要，只要它們能在十小時內、沒有任何人力介入的情況下跑完賽道。

事情進行得不太如預期。有一輛車在起跑區翻車，只得退出。[9]那輛摩托車滾到路旁、宣告退賽之前，幾乎把起跑線給抹乾淨了。有一輛車不到五十碼就撞上水泥牆，另一輛車則纏進了有刺鐵絲網。還有一輛車被困在兩團風滾草之間，以為那是不可移動的物體，陷入反覆前進、後退、前進、後退，直到最後有人介入為止。[10]其他還有車子撞上巨石、奔進溝渠，輪軸折斷、車胎剝落、車殼飛走。[11]Slash X沙龍酒吧周遭的情景，看起來開始像是機器人墳場。

得分最高的車輛代表卡內基美隆大學出賽，成功跑出令人印象深刻的七英里之後，誤判一座山丘——輪胎在那個地點開始打轉，沒有人類出手幫忙，一直打轉到著火為止。[12]到了上午十一點，比賽全部結束。美國國防高等研究計畫署一名主辦人員登上直升機飛到終點線，告知在那兒等待的新聞記者，沒有任何車輛跑得了那麼遠。[13]

這場競賽油漬四濺、塵土滿天、喧囂刺耳且具毀滅性——而且最後沒有贏家。所有隊伍的人員工作一年所創造的成果，最久只堅持了幾分鐘。但這場競賽不只是一場災難而已。這場對抗賽引爆新觀念，而且到了下一屆二〇〇五年DARPA越野挑戰賽（DARPA Grand Challenge），科技令人耳目一新。

第二屆結束時，除了一輛車之外，其他參賽者全都超越二〇〇四年達到的七英里。而且令人驚訝的是，五輛不同的車子成功跑完全程競賽距離一百三十二英里，沒有任何人類介入。[14]

如今，不過十年出頭，未來運輸無人化已廣為人們接受。二〇一七年年底，英國財政大臣菲利普・哈蒙德（Philip Hammond）宣布，政府打算讓完全無人駕駛車——車上沒有安全隨員——

於二〇二一年之前在英國上路。戴姆勒公司（Daimler）已經承諾在二〇二〇年之前生產無人駕駛車[15]，福特是二〇二一年之前[16]，其他車廠也做了各自類似的預告。

媒體上的討論已經從無人駕駛車會不會成真，轉為此事成真時我們將面對的挑戰。「你的無人駕駛車該不該為了救你的命去撞行人？」二〇一六年六月《紐約時報》問道[17]；二〇一七年十一月：「當我們的交通工具在掌控，動物路死或車票問題會如何？」[18]另一方面，二〇一八年一月，《金融時報》提出警告：「卡車駛向無人駕駛的未來：工會警告將對數百萬駕駛的工作產生不良影響。」[19]

所以，會有什麼改變？這種科技如何在短短幾年內，從搖搖欲墜、性能不佳，發展成具有翻天覆地轉變的信心？我們能否合理期待這快速進展持續下去？

我周遭有什麼？

我們對完美自駕交通工具的夢想，可以一路追溯到噴射背包、火箭船、錫箔太空裝和射線槍的科幻年代。一九三九年紐約世界博覽會上，通用汽車公司揭示了對於未來的願景。博覽會觀光客把自己綁在自動化配備的椅子上，升上輸送帶，帶他們進行一趟十六分鐘的想像世界之旅。[20]

玻璃窗下，他們看到比例模型的通用汽車夢想。遍及全國各地的高速公路、連結農村與城市的道路、巷弄與十字路口——而徜徉這一切之上、自動化無線控制的汽車，能以高達每小時一百英里的速度安全地旅行。「奇怪嗎？」傳來的解說員聲音問道：「奇幻嗎？不敢相信？記住，這是一九六〇年的世界！」[21]

這些年來，有過無數次嘗試想讓這夢想成真。一九五〇年代，通用汽車嘗試過第二代火鳥（Firebird II）。[22]一九六〇年代，英國研究人員試過採用雪鐵龍DS19，與道路設備進行通訊聯絡（在英格蘭東南部伯克郡的斯勞〔Slough〕與雷丁〔Reading〕之間的某處，你還可以找到他們的實驗所遺留的一條延伸九英里長的電纜）。[23]一九八〇年代，卡內基美隆大學的「導航實驗室」（Navlab）；一九九〇年代，歐盟十億美元的「發現普羅米修斯計畫」（Eureka Prometheus Project）。[24]隨著每一個新計畫，無人駕駛車的夢想似乎就在下一個路口，令人心癢難耐。

表面上，打造無人駕駛車，聽起來似乎應該相當簡單。大多數人類都能夠掌握必要的駕駛技巧，加上系統只有兩種可能的輸出：速度和方向。這是個要使用多少汽油、方向盤要轉多少的問題，能有多難呢？

但正如第一屆DARPA越野挑戰賽所證明的，打造一輛自動駕駛交通工具，比外表看起來要難搞得多。當你試圖弄出一套演算法，來控制大大一塊金屬以每小時六十英里行進，事情迅速變得複雜起來。

就拿用於乳房組織腫瘤檢測效果良好的類神經網路來說吧，你可能會認為，這應該完全適於協助無人駕駛車輛科技「看見」周遭路況。到了二〇〇四年，類神經網路（雖然是比今日最先進版本稍稍基本一點的形式）已經在原型無人駕駛交通工具內嗡嗡嗡地飛來飛去[25]，試圖從安裝於車頂的攝影機擷取意義。當然，很多有價值的資訊可由攝影機取得。類神經網路可以理解顏色、紋理，甚至是前方景象的物理特徵——像是直線、曲線、邊緣和角度之類的東西。問題是：一旦有了這些資訊，你會做何處置？

你可以告訴這輛車：「只在看起來像柏油的東西上開」。但這在沙漠中沒多大助益，那兒的道路是塵土路。你可以說：「在影像中最平滑的東西上開」——但不幸的是，最平滑的東西幾乎一直是天空或玻璃帷幕建築。你可能會以相當抽象的用詞，來思考該如何描述道路的形狀：「尋找有兩條約略筆直邊線之物。這兩條線在影像底部大幅隔開，在頂部相向漸近。」這似乎滿有道理，除了一棵樹在照片上看起來不巧也是如此之外。一般並不認為鼓勵車子開上樹是明智之舉。

問題在於攝影機不能給你比例或距離感。這一直是電影導演用來達到他們所要呈現效果的方法——想想《星際大戰》的開場，「滅星者號」（Star Destroyer）襯著墨黑的太空慢慢出現，戲劇性地從銀幕頂部逼近。你得到這是龐然大物的巨獸之感，事實上，這是運用一個不過幾英尺長的模型拍攝出來的。這是一個在大銀幕上運用得很好的手法。但在無人駕駛車裡，當兩條平行細線可能是前方地平線上的一條道路，也可能是附近一棵樹的樹幹，準確判斷距離成了生死交關的大事。

即使你運用一個以上的攝影機，並聰明地組合影像以建立周遭世界的３Ｄ圖像，還是有另一個源自過度倚賴神經網路的潛在問題，正如卡內基美隆大學學者迪恩·波默洛（Dean Pomerleau）早在一九九〇年代就發現的。當時他正在研發一種車，叫做ＡＬＶＩＮＮ（Autonomous Land Vehicle In a Neural Network，類神經網路自動駕駛陸上交通工具），這種車所受的訓練是如何從人類駕駛的動作來理解周遭環境。波默洛等人坐在駕駛座上，開著ＡＬＶＩＮＮ跑長途，記錄他們在這過程中所做的每一件事。他們的類神經網路會從如此形成的訓練資料庫中學到：開往人類會開去之處，避開其他地方。[26]

一開始運作得非常出色，經過訓練的ＡＬＶＩＮＮ可以輕輕鬆鬆靠自己巡航簡單的道路。但接下來，ＡＬＶＩＮＮ跨越一座橋，就全亂了套。車子突然危險地歪向一旁，波默洛只得緊抓方向盤以免出車禍。

經過幾個星期梳理這場意外的資料之後，波默洛研究出問題在哪裡：ＡＬＶＩＮＮ受訓開過的道路旁邊都有草地。就像之前在〈醫療〉一章中，那些類神經網路依據照片中的雪來分類哈士奇，ALVINN的類神經網路運用草地當作該往哪裡開的關鍵指標。一旦沒了草地，機器就不知道怎麼辦。

和攝影機不一樣，雷射**可以**測量距離。運用一種稱為光達（Light Detection and Ranging, LiDAR，也譯作光學雷達）的系統，交通工具從雷射槍中射出光子，計算自障礙物反彈回來要花多久時間，最後針對該障礙物距離多遠得出一個不錯的估計值。不全都是好消息：光達對於紋理或顏色幫不上忙，對道路標誌的判讀無藥可救，而且長距離的表現不是很好。另一方面，雷達（radar）——概念相同，只不過是使用無線電波——在各種天候狀況下都表現良好，可以偵測遠處障礙物，甚至穿透某些材質，但在提供障礙物形狀或結構的任何細節方面，完全不能指望。

這些資料來源——攝影機、光達、雷達——沒有一個單憑自己就足以理解交通工具周遭正發生什麼事。成功打造無人駕駛車的妙招，在於綜合這些資料來源。如果它們對於實際所見為何有一致結論，任務會相對簡單，但如果沒有，就困難許多。

想想在第一屆DARPA越野挑戰賽中絆住其中一輛車的風滾草，想像你的無人駕駛車在相同位置發現這團草。光達告訴你前方有障礙物，攝影機同意，可以穿透薄弱風滾草的雷達告訴你沒什麼好擔心。你的演算法應該相信哪一種感測器？

要是攝影機有優先權會怎樣？想像陰天的日子，一輛白色大卡車橫越你的路線。這次，光達和雷達同意需要使用煞車，但襯著一成不變的白色天空，攝影機看不出有任何代表危險的事物。

如果這還不夠難，還有另一道難題。你不只要擔心你的感測器錯誤解讀周遭環境，還要考慮它們可能也會測量錯誤。

你可能已經注意到，Google 地圖上環繞你所在位置的藍色圈圈——它在那兒是要顯示GPS讀數的可能誤差。有時候，藍圈圈小並準確標示你的位置；有時會涵蓋大上許多的區域，而且中心點落在完全錯誤的位置。大多數時候則無關緊要。我們知道自己在哪兒，可以忽略不正確的資訊。但無人駕駛車對於自己的位置並無基礎知識。當它沿著一條不到四米寬的汽車道開下去，只靠GPS不足以準確識別自己在哪裡。

GPS不是唯一一個容易產生不確定性的解讀方式。車子進行的每一種測量都會有某種容錯範圍：雷達讀數、俯仰、翻滾、車輪滾動圈數、車輛慣性，沒有什麼是百分之百可靠。加上不同的條件讓情況更糟：雨對光達有影響[27]；炫目的陽光會影響攝影機[28]；長途崎嶇道路對加速度計是一場大規模浩劫[29]。

最後留給你的，是一團亂的大量訊號。回答這些看似簡單的問題——你在哪裡？你周遭有什麼？你該做什麼？——變得困難到令人卻步，幾乎不可能弄清楚該相信什麼。

幾乎不可能。但並非完全不可能。

因為謝天謝地，有一條路可以通過這一切混亂——在一團亂的世界中做出合理猜測的方法。這全都歸結於一道威力驚人的數學式，名為貝氏定理（Bayes' theorem）。

貝牧師的大教堂

一點都不誇張地說，貝氏定理是歷史上最具影響力的觀念之一。在科學家、機器學習專家和統計學家之間，這個定理能呼喚出一股近乎宗教崇拜的狂熱。然而，這個觀念的核心異常簡單。事實上是簡單到你可能一開始會認為，它只不過是把顯而易見的東西陳述一遍而已。

讓我試著用一個格外枝微末節的例子來說明這個觀念。

想像你正坐在一家餐廳裡吃晚餐。正在用餐的時候，你的同伴靠過來悄聲說道，他們看到女神卡卡正在對桌吃飯。

在親眼看到之前，你對朋友的說法相信多少，自己心裡毫無疑問會有個譜。你會把你原先所擁有的知識納入考量：或許是這家餐廳的品質、你距離卡卡位於馬里布的家有多遠、你那位朋友的視力，諸如此類。不得已的話，這是你可以給它打個分數的信念。算是一種機率吧。

當你轉頭看那個女人，你會自然而然地運用眼前的每一分證據，來更新你對那位朋友的假說相信的程度。或許鉑金色的頭髮與你對卡卡的預期一致，所以你相信的程度上升。但她自己一個人坐，沒有保鑣在，這個事實讓你相信的程度下降。重點是，每一項新的觀察都會加進你的整體評估之中。

這就是貝氏定理所做的：提供一套系統性的方法，依據證據來更新你對某一假說的相信程度。[30]這個定理接受你對於正在考量的這個理論始終無法完全確定，但容許你根據所能掌握的資訊做出最佳猜測。因此，一旦你弄清楚對桌的女人穿的是一套肉做的衣服*——一種你在非卡卡者流之中不太可能有機會碰到的時尚選擇——說不定會讓你相信的程度越過門檻，讓你做出結論：餐廳裡的真的是女神卡卡。

但貝氏定理不只是一道呈現人類既有決策方式的方程式。它比這重要得多。借用《不會消滅的理論》（*The Theory That Would Not Die*）一書作者莎朗・伯琪・麥格拉恩（Sharon Bertsch McGrayne）之語：「對於人們深信現代科學需要客觀性與精準度，貝氏持反對立場。」[31]貝氏提供一套機制來測量你相信某事的程度，讓你能夠從概略的觀察中，從一團混亂、不完整、近似值的

*譯注：卡卡出席二〇一〇年ＭＴＶ音樂錄影帶大獎頒獎典禮時，身穿生牛肉製成的裙裝（「生牛肉裝」），受到動物環保組織抨擊，《時代》雜誌則將其列為該年首席時尚宣言。

資料中——甚至是從無知之中——汲取出有道理的結論。

貝氏不是只會在那兒證實我們既有的直覺。事實證明，強迫將你相信某事的程度加以量化，往往會引導出反直覺的結論。正是貝氏定理解釋了〈司法〉一章中頁102所舉的例子，為什麼男人比女人更常被誤判為未來的殺人犯。也正是貝氏定理解釋了為什麼——即使你已經診斷得了乳癌——這些檢測的誤差水準意味著你可能沒得乳癌（見〈醫療〉一章頁134）。貝氏定理橫跨所有科學分支，是萃取並理解我們真實所知的一項有力工具。

但貝氏的思考方式真正發揮用處，是在你試圖同時考量一個以上的假設時——例如試圖依據各種症狀診斷病人有什麼問題*，或是依據各種感測器讀數找出無人駕駛車所在位置。理論上，任何疾病、地圖上任何一個點，都可以代表背後的真相。你需要做的，就是權衡證據以判定哪一種最有可能是正確的。

針對這一點，事實證明，找出無人駕駛車所在位置，很類似一道令湯瑪斯・貝葉斯（Thomas Bayes）這位以其姓氏為定理命名的英國長老教會牧師、天才數學家感到困擾的難題。回到十八世紀中葉當時，他寫了一篇論文，文章提到他設計來解釋此一難題的一個遊戲細節。這個遊戲大致如下所述。[32]

想像你正背靠一張方桌坐著。我丟了一顆紅色的球到桌上，不讓你看到。你的任務是猜出球落在何處。這並不簡單：沒有資訊可用，沒有辦法能真正知道球可能會在桌上的哪裡。

因此，為了協助你進行猜測，我丟了顏色不同的第二顆球到同一張桌子上。你的任務還是要定出紅色的第一顆球位置，但這次我會告訴你第二顆球最後是在桌上相對於第一顆的哪邊：是在紅色球的前面、後面、左邊或右邊。那麼你就有機會更新你的猜測。

接著，我們重複這個步驟。我丟第三顆、第四顆、第五顆球到桌上，每次我都會告訴你，每一顆球落到相對於紅色第一顆球——你正努力要猜出位置的那顆——的哪邊。

我丟的球越多、我給你的資訊越多，紅色球位置的圖像在你心中應該變得越清楚。你永遠無法絕對確定它到底在哪裡，但你可以繼續更新你對其位置的信念，直到最後你得出一個你有信心的答案。

就某種意義而言，無人駕駛車的真正位置可以和紅色球的位置做類比。不是一個人背對桌子而坐，而是有一個演算法試圖即時測定車子那一刻到底在哪裡，並且不是靠著丟到桌上的其他球，而是有資料來源：ＧＰＳ、慣性測量等等。其中沒有任何一項告訴演算法說車子在哪裡，

*原注：〈醫療〉一章中討論過的ＩＢＭ機器「華生」，把所謂的貝氏推論做了廣泛的運用。參見https://www.ibm.com/developerworks/library/os-indwatson/。

但每一項都多加了一點資訊，讓演算法可以用來更新其信念。這是一種叫做或然率推論（probabilistic inference）的手法——運用資料（加上貝氏定理）來推論物件的真正位置。經過正確包裝，就是另一種機器學習演算法。

千禧年之交，工程師在巡弋飛彈、火箭太空船和飛行器方面已經有了足夠的實務經驗，知道如何解決位置問題。讓無人駕駛車回答「我在哪裡？」這類問題，依然不是隨手可解之事，但運用一點貝氏思考，至少是可以辦到。

從二〇〇四年DARPA越野挑戰賽的機器人墳場到二〇〇五年賽事令人讚嘆的科技凱歌——五輛不同的交通工具不靠人類輸入任何資料，成功競速超過一百英里——其間有許多重大躍進要感謝貝氏。以貝氏觀念為基礎的演算法，協助解決了車子必須回答的其他問題：「我周遭有什麼？」和「我應該做什麼？」。*

所以，你的無人駕駛車應該去撞行人來救你的命嗎？

且讓我們暫停一下，想想第二個問題。二〇一六年初秋，針對這個話題，賓士汽車發言人在巴黎車展吵吵嚷嚷的展示大廳安靜的一角，做了一段相當不尋常的陳述。該公司的駕駛輔助系統暨主動安全防護部門經理克里斯多福．馮．胡戈（Christoph von Hugo）在訪談中被問到，無人駕駛賓士車發生車禍時會怎麼做？

「如果你知道至少可以救一個人，至少就救那個人吧，」他回答。[33]

這邏輯有道理，你可能會這麼想。幾乎可以當新聞頭條了。

只不過，問話的人沒拿以前發生過的任何車禍來問馮．胡戈，而是用一九六〇年代一項老生常談、關於特定種類撞擊的思想實驗要他回答來加以測試。採訪者問他一個不得不兩害相權取其輕的古怪難題。這就是所謂的電車難題（trolley problem），名稱由來是因為最原版的敘述主題是脫軌電車。無人駕駛車的狀況和這個問題有點像。

想像一下，若干年後的未來，你是一輛自駕交通工具上的乘客，開開心心沿著一條城市街道駛去。你前方的交通號誌變紅燈了，但你的車子機械故障，意味著你停不下來。撞擊無可避免，但你的車子可以有選擇：應該急速轉離道路、撞向水泥牆，導致車內某人死亡？或是應該繼續前進，讓車內人活命，卻害死正要穿越馬路的行人？這車子的程式應該設計成怎麼做？你要如何決

---

*原注：史丹佛大學數學家佩爾西．戴康尼斯（Persi Diaconis）對二〇〇五年競速賽最後優勝者，一支來自史丹佛大學的隊伍，做了簡潔有力的描述：「那輛車的每一根螺絲釘都是貝氏的。」

定誰該死呢？

毫無疑問，你有自己的見解。或許你認為，車子應該設法盡可能多救幾條命就對了。又或許你認為，「汝不可殺人」應當高於所有的計算，讓坐在那部機器裡的人去承擔後果吧。*

馮．胡戈很清楚賓士的立場。「救車裡的那個，」他接著說道：「如果你只能確定有一個人可以免於一死，那這就是你的第一優先。」

訪問後接下來的幾天，網路被嚴厲譴責賓士立場的文章給灌爆。「他們家車子的舉動和典型號稱歐洲豪華名車的駕駛很像，」某篇文章作者寫道。[34]的確，那年夏天發表於《科學》期刊的一項研究調查指出[35]，百分之七十六的回覆者覺得，無人駕駛的交通工具盡可能多救人命，從而令車內的人喪命，這樣會比較合乎道德。照大眾的意見，賓士站在錯的那一邊。

是嗎？因為同一項研究問受訪者，是否真的會**去買**一輛在這種情境出現時致他們於死的車，他們突然間似乎拖拖拉拉起來，不願為更偉大的善而犧牲自己。

這是一個令輿論分裂的難題——而且不光在於人們認為答案應當為何。做為一項思想實驗，這個題目一直穩居科技報導者及其他新聞人的最愛，但我訪談過的所有無人駕駛車專家一提到電車難題就翻白眼。就個人而言，我還是很喜歡這個題目。它簡潔單純，迫使我們承認某種與無人駕駛車有關的重大問題，對於演算法替我們自己及他人的生命做出價值判斷這件事，迫使我們質問自己有何感受。在這項新科技——連同幾乎所有演算法——的核心，是關於權力、期望、控制和責任分派的問題，以及我們是否可以期待科技配合我們，而非反過來。但對於這項思想實驗在無人駕駛車社群所得到的冷淡反應，我也能同情理解。他們比任何人都更清楚，我們是多麼沒有必要擔心電車難題成真。

違反道路規則

打從DARPA越野挑戰賽以來，貝氏定理與機率的力量已經推動了自駕交通工具的諸多革新。我問牛津大學機器人學教授、打造無人駕駛車並於英國上路實測的Oxbotica公司創辦人保羅．紐曼（Paul Newman），他最新的自駕交通工具做得怎麼樣，他的說明如下：「這有好幾百萬行的編碼，但我可以把整個東西架構成機率式推論。全部喔。」[36]

但儘管貝氏推論有助於解釋無人駕駛車如何得以可能成真，卻也說明無須人類駕駛做任何輸

---

*原注：這個場景在各媒體，從《紐約時報》到《週日郵報》（*Mail on Sunday*），有許多不同的版本：要是那個行人是九十歲的老奶奶呢？如果是個小孩呢？要是車內載了一位諾貝爾獎得主呢？其核心都是相同的兩難。

入的完全自駕何以是一個非常、非常難以解決的問題。

紐曼提到，想像「你有兩部交通工具正高速相互接近」——比方說，沿著一條微幅彎曲的A級道路行進。人類駕駛在這種情況下自在得很，他知道另一輛車會保持在自己的車道上，從旁邊幾米處安全通過。「但從頭到尾，」紐曼說明：「看起來確實像是你們就要互撞。」你要如何教無人駕駛車不要在那種情境下抓狂？你不希望交通工具為了避免絕不會發生的碰撞而開出路邊，但同樣地，如果你真的發覺自己快要當頭撞上，也不希望它自以為是。不過別忘了，這些車只是根據所受教育、針對該怎麼辦做出猜測而已。你要如何讓它每一次都猜對呢？這個嘛，紐曼說：「是個難上加難的問題。」

這是個困擾專家很長一段時間的問題，但確實有個解決辦法。竅門就在於建立一個其他——健全的——駕駛人會怎麼做的行為模型。不巧的是，同樣的說法不能套用在其他有些微差異的駕駛情境上。

紐曼說明道：「困難的是所有干擾駕駛行為卻與駕駛行為無關的問題。」舉例來說，教演算法了解，聽到冰淇淋車的旋律，或是經過一群在人行道上玩球的孩子，可能意味著你需要格外小心。或是教它分辨袋鼠令人困惑的跳躍，Volvo 汽車公司承認，一直到我寫作本書時，他們都還在為此奮戰。[37]在英國薩里郡（Surrey）鄉間或許不是什麼大問題，但如果他們的車子要在澳洲道路上發揮良好性能，就需要加以駕馭。

更難的是，你要怎麼教一輛車有時得違反道路規則？要是你正停車等紅燈，有人跑到你車子前方，狂亂地招手要你往前移動？或是一輛閃著燈的救護車正試圖鑽過一條窄巷，而你必須開上人行道讓它過？或是有一輛聯結油罐車彎折橫在鄉間小路上，而你必須採取任何可能的手段離開那兒？

「這些都沒有寫在〈高速公路交通規則〉裡，」紐曼正確地指出。但如果一輛真正的自駕車打算不靠人類任何的介入而存在，就需要知道如何處理這一切，即便是在突發狀況下。

這並不是說這些是無法克服的問題。「我不相信有任何一種等級的智能，是我們無法讓機器達到的，」紐曼告訴我：「唯一的問題是什麼時候。」

不幸的是，這個問題的答案是：或許不會很快。那個我們全都在等待的無人駕駛夢想，或許比我們所以為的還遙遠得多。

因為當我們想要打造哪裡都能去、什麼都能做、沒有方向盤的無人駕駛車這種科幻奇想時，還有另一層難處需要與之奮鬥，而且此一難處遠遠超乎科技挑戰之外。一輛完全自駕車也必須處理錯綜複雜、與人有關的問題。

倫敦大學學院社會學家、科技對社會衝擊議題專家傑克・斯蒂爾格（Jack Stilgoe）解釋道：

「人是調皮搗蛋的。他們是主動的行為者，而不只是布景中的被動部件。」[38]

暫且想像一個有真正的完美自駕交通工具存在的世界。這些車上的演算法第一條法則將會是盡可能避免撞車，這改變了道路上的動態模式。如果站在一輛無人駕駛車前方——它必須停車。如果你把車停在一輛自駕車前方——它必須表現出順從的行為。

借用倫敦政經學院二〇一六年焦點訪談團體中一位受訪者的話：「你會隨時隨地堵它們。它們會停下來，然後你馬上閃人。」翻譯成白話：這些車可以被霸凌。

斯蒂爾格表示同意：「道路上一直到現在都相對無力的人，如自行車騎士，可能會開始在一輛自駕車前面慢慢地騎，他們知道絕不會有任何攻擊行為。」

解決這個問題，意味著引進更嚴格的規定來處理濫用自行車騎士或行人地位者。當然，以前已經這麼做：想想違規穿越馬路的規定。或是可能代表強迫其他所有人和物都退出道路——正如以前引進機動車輛所發生的狀況——這就是為什麼你已經不會在車道上看到自行車、馬匹、雙輪馬車、四輪馬車或行人。

如果我們想要全自駕車輛，幾乎確定得再次做點類似的，限制攻擊性駕駛人、冰淇淋車、在馬路上玩的小孩、道路施工標誌、行動困難的行人、急救車輛、自行車、機車，以及其他一切令自駕問題如此困難的事物數量。這沒問題，但與這個觀念眼下推銷給我們的說法略有不同。

「自動化和交通運輸的修辭都在表示**並未**改變這個世界，」斯蒂爾格告訴我：「而是讓世界繼續現在的樣子，但製造機器人，並容許機器人引領世界的能力和人類一樣好，以後還要比人類更好。我認為這很蠢。」

但等等，你們有些人可能正在想，這個問題不是早已經解決了嗎？Google 的自駕車 Waymo 不是已經開了幾百萬英里嗎？Waymo 的全自駕車（或至少接近全自駕車）不是正在亞利桑那州鳳凰城的道路上四處開嗎？

呃，沒錯，這是真的。但並非每一英里道路的鋪設水準都相同。多數里程的道路很好開，你可以一邊打瞌睡一邊開，其他有些里程的挑戰性就大得多了。撰寫本書時，Waymo 車並未獲准真的隨處去：它們被虛擬的「地理圍欄」（geofence）圈在一個事先界定的小區域內。戴姆勒和福特預計分別在二〇二〇年和二〇二一年上路的無人駕駛車也是如此。這些是限制在預先劃定的准行區內提供叫車服務的車子，這也確實讓自駕問題單純許多。

紐曼認為這是我們可以期待的無人駕駛車未來願景：「它們會出來到一個非常熟悉的區域運作，車主對這些車未來的運作極具信心。所以，它可以成為城市的一部分，不是在一個有非常態道路的地方，或是牛隻可以在路上遊蕩的區域。或許它們會在一天中的某些時候、在某些氣候條件下運作。它們會被當成一種運輸服務來營運。」

這和全自駕不完全相同。底下是斯蒂爾格對必要妥協的看法：「看起來像自駕系統的東西，其實是在限制這個世界，好讓這些系統看起來像自駕。」

我們開始相信的願景就像一種光影戲法。一場海市蜃樓承諾讓所有人都有奢侈的私家司機，但靠近一看，其實只是一輛社區小巴士。

如果你還是需要一個說服你的理由，我願將最後結辯的機會讓給美國最大汽車雜誌之一《人車誌》（*Car and Driver*）：

> 沒有任何一家車廠，真的預期街上擠滿無人駕駛車的未來主義式無車禍烏托邦很快便會成真，再過幾十年也不會。但他們的確希望華爾街把這當一回事，並激發對駕車日益失去興趣的大眾想像的空間。而在此同時，他們希望能賣出許多的車子，配備最新且複雜的駕駛輔助科技。[39]

那麼，這種駕駛輔助科技如何？畢竟，無人駕駛車並非一道全有或全無的命題。

無人駕駛科技依照六種不同的運用等級加以分類：從等級0——什麼自動化都沒有——到等級5——全自駕幻想。這中間從巡航控制（等級2）到地理圍欄式自駕車（等級4）不等，用白話講就是等級1不動腳、等級2不動手、等級3不動眼、等級4不動腦。

因此，也許等級5不在我們觸手可及的範圍內，而等級4不是真像人們說的那麼好，但這一路上去會有很多的自動化啊。慢慢地逐步提升我們這些私家車的等級，有什麼不對？打造有方向盤、煞車踏板、駕駛座上有駕駛的車子，只是要讓人類介入並在緊急時接手？等科技有了進展，當然就會做？

不幸的是，事情沒有那麼簡單。因為這個故事還有最後一個轉折。一整掛的其他難題，任何不具備完全無人駕駛性能者都閃不過的障礙。

公司寶寶

在法國航空的機師當中，皮耶—塞德里克．博南（Pierre-Cédric Bonin）是所謂的「公司寶寶」。[40]他年紀輕輕才二十六歲，只有幾百小時飛行時數就加入航線，在空中巴士機隊中逐漸成長。到他登上命定的AF447航班時，已經努力累積到令人敬佩的兩千九百三十六小時飛行時間，儘管他顯然還是機上三個機師當中最資淺的一個。[41]

雖然如此，二〇〇九年五月三十一日是博南坐在法國航空447航班的操控座位上，駕駛這架飛機從里約熱內盧—加利昂國際機場（Galeão International Airport）停機坪起飛，返回巴黎。[42]

這是一架空中巴士A330，歷來所建造最複雜的商用航空器之一。其自動駕駛系統如此先進，實際上可以無須輔助便完成整趟飛航，除了起飛和降落之外。而且即使在機師操控時，還是有各式各樣內建特殊安全性能，將人為錯誤的風險降到最低。

但打造出一個自動系統，幾乎可以安全掌控設計者所能預期的每一項課題，這其中隱藏著危險。如果只期待機師在異常狀況時接手，他們將不再保有親自操控系統所需的技能。這麼一來，他們得不到什麼經驗，來應對預期之外的突發挑戰。

而這正是法航447航班發生的狀況。雖然博南已經在空中巴士駕駛艙累積了數千小時飛行，實際手動駕駛A330的經驗很少。他所扮演的機師角色大多是在監控自動系統。這意味著當夜間飛行期間解除了自動駕駛，博南不知道如何安全地駕駛飛機。[43]

當機身內建的空速感測器內開始形成冰晶，麻煩就開始了。無法取得合理讀數的自動駕駛在艙內響起了警報，把責任轉交給人類機組員。這件事本身並不需要擔心，但飛機撞上小股亂流時，沒有經驗的博南做了過度反應。當飛機開始微微向右翻滾，博南抓著側桿向左拉。此時至關重大的，是他把操縱桿往後拉，使飛機進入急遽的大角度爬升。[44]

當飛機周遭的空氣變稀薄，博南繼續緊抓著操縱桿往後拉，直到機鼻高到空氣無法再滑順地流過機翼。機翼實際上成了擋風板，飛機的升力遽減，機鼻朝上，成自由落體從天而降。

警報聲響徹駕駛艙，機長從休息室衝回來。AF447正以每分鐘一萬英尺朝著海面下墜。此刻，冰晶已經融解，沒有機械故障，海面在他們下方距離還夠遠，他們還來得及回復。博南和他的副駕駛只要十秒至十五秒，便能輕易挽救機上的每一個人，只要把操縱桿往前推、降下機鼻，讓空氣再次俐落地掠過機翼。[45]

但抓狂的博南繼續把側桿往後拉，沒有人弄懂他就是製造問題的那個人。寶貴的時間一秒一秒過去。機長建議把機翼拉平。他們簡短地討論他們是在上升還是下降。接著，離海平面不到八千英尺，副機師接手操控。[46]

「爬升……爬升……爬升……爬升……」聽到副機師這麼大喊著。

「但我一直都把操縱桿往後拉啊！」博南回答。

機長恍然大悟。他終於了解，他們一直在空力失速中成自由落體下墜超過三分鐘，於是命令他們降下機鼻。太遲了。在悲慘的此刻，他們太接近海面了。博南尖叫：「該死！我們就要墜機了。不可能這樣啊！」[47]幾秒鐘後，飛機衝進大西洋，機上兩百二十八人全數罹難。

自動化的反諷

法航空難二十六年前的一九八三年，心理學家莉莎娜・班布莉琪（Lisanne Bainbridge）寫了一篇開創性的論文，討論太過依賴自動系統所導致的潛藏危機。[48]她解釋，打造一部機器來改善人類的表現，很諷刺地，將會導致人類能力的退化。

到如今，我們都以某種小規模的方式見證過這件事了。這就是為什麼人們再也記不住電話號碼、為什麼我們很多人自己寫的字讀得很費力，還有為什麼我們有很多人沒了GPS，哪裡也去不了。有了科技來幫我們做這一切，沒什麼機會練習我們的技能。

有些人擔心，同樣的狀況可能會發生在自駕車上——這兒的風險可是比手寫字要高得多。一直到我們能夠全自駕之前，車子有時還是會無預警把操控權交回給駕駛人。我們還有辦法出於本能地記得該怎麼做嗎？日後的十幾歲駕駛人，還有機會先讓他們熟練必要的技能嗎？

但即使所有駕駛人努力保有能力*（就讓我們寬容地解讀「保有」這個字眼吧），我們還有另一個課題得去奮戰一番。因為在自動駕駛停工之前，人類駕駛被要求去做的事也很重要。只有兩種可能，而且——正如班布莉琪所指出——兩種都不怎麼吸引人。

等級2不動手的車子會期待駕駛人隨時小心注意路況。[49]這種車沒有好到可以放心地全交給它，需要你小心加以監督。《連線》雜誌曾把這種等級描述為「就像找一個剛學會走路的小孩來幫你洗碗盤」。[50]

撰寫本書期間，特斯拉汽車的自動駕駛就是這種做法的一個例子。[51]現在看起來像是一種時髦的定速巡航系統——會在車道上操控方向、煞車和加速，但希望駕駛人保持警戒、專注，並隨時準備介入。為了確保你有在注意，如果你的手離開方向盤太久，會有警報響起。

但是，就像班布莉琪在她的論文裡所言，這不是一種會有好結果的做法。這根本是不切實際地期待人類保持警醒：「即使是一個有高度動機的人類，也不可能對著一個幾乎沒什麼狀況發生的資訊來源，維持有效的視覺專注超過半個小時。」[52]

有一些證據顯示，人們已經很努力遵照特斯拉的堅持，保持對路況的注意。約書亞．布朗（Joshua Brown）在二〇一六年死於他的特斯拉駕駛座上，當他的車撞上一輛正要穿越他車道的卡車時，已經使用自動駕駛模式達三十七分鐘半。美國國道交通安全管理局的調查結論是，撞車當時布朗沒有看著道路。[53]這樁車禍上了世界各地的頭條新聞，但阻止不了某些有膽無腦的You-

*原注：為了解決因為練習有限而產生的問題，有一些事是你可以做的。舉例來說，自從法航空難以來，現在會注重訓練新機師在自動駕駛失靈時開飛機，以及督促所有機師定期關掉自動駕駛以維持技能。

Tube 用戶熱烈上傳影片，表演如何設計讓你的車以為你有在注意。據稱，用膠帶把一罐紅牛飲料黏在方向盤上[54]，或是把一顆柳橙卡在方向盤上[55]，會讓車子停止發出討厭的警報來提醒你該盡的責任。

其他的程式設計也開始發現有同樣的問題。儘管 Uber（優步）的無人駕駛車需要人類每十三英里介入一次[56]，但要駕駛人保持專注仍需要一番努力。二〇一八年三月十八日，一輛 Uber 的自駕車撞死了一名行人。車內的錄影顯示，撞擊前那幾秒，坐在駕駛座上的「人類監控者」視線離開了路面。[57]

這是個嚴重的問題，但還有其他的選擇。汽車公司可以接受人類就是人類，並承認我們的心思會飄來飄去。畢竟，一邊開車一邊看書，正是自駕車的**訴求**之一。這就是等級2「不動手」和等級3「不動眼」的關鍵差異。

後者在技術上當然顯現出比等級2更具挑戰性，但有些製造商已經開始打造他們的車子來包容我們的不專心。奧迪的塞車駕駛系統（traffic-jam pilot）就是一例。[58]這種車可以在你陷入高速公路慢速車流時全面接手，讓你回座享受乘車的樂趣。只要做好準備，在出問題時介入即可。*

奧迪為何將其系統侷限於限入道路上的慢速車流，是有理由的。在車道壅塞的情況下，災難型風險較低。這很重要。因為只要人類一停止監視路況，緊急狀況發生時，你所面對的是各種情境的最糟可能組合。

沒有在注意狀況的駕駛人，幾乎沒什麼時間去評估他們的周遭環境並決定該怎麼辦。想像坐在一輛自駕車裡，聽到警報聲，把視線從書中抬起，看到前方有一輛卡車，車上載的東西傾倒在你的路線上。你必須立刻處理周遭所有資訊：左線道有摩托車、前方廂型車緊急煞車、你右側視線盲點有車。就在你需要對路況最了解的那一刻，你將會是最不清楚的那個；加上缺乏練習，在你得處理需要最高階技巧的狀況時，你的準備將會是極盡可能的差。

這是一項已得到無人駕駛車模擬實驗支持的事實。有一項研究讓人們在車子自行駕駛期間看書或玩手機，發現警報響起後要花多達四十秒，才能讓這些人重新正確掌控車輛。[59]這正是法航447航班所發生的狀況。原本應該輕易就能挽救全機的機長馬克・杜布瓦（Marc Dubois），花了大約一分鐘，太久了，才弄清楚發生什麼事，想出本來可以把問題解決掉的簡單答案。[60]

諷刺的是，自駕科技變得越好，這些問題就越嚴重。偷懶的自動駕駛系統每十五分鐘發出警

*原注：從部分自動化往上一步，像奧迪這種有塞車駕駛系統功能的等級3交通工具，如果條件正確的話，可以在某些情況下接管。駕駛人還是需要做好準備，在車子遭遇無法理解的局面時介入，但不再需要持續監視路況和車況。這個等級比較有點像是在說服青少年去洗碗盤。

報，可以保持駕駛人持續關注與規律操練。那種運作順暢且設計繁複、**幾乎**任何時候都能信賴的自動系統，才是你必須小心提防的。

這就是為什麼帶領豐田汽車研究機構的吉爾・普拉特（Gill Pratt）會說下面這段話：

最糟的是需要駕駛人每二十萬英里介入一次的車……一般人每十萬英里就換〔新〕車，永遠看不到這一天〔自動系統接手操控〕。但每隔一陣子來一次，也許是我每換兩輛車就來一次，那時它會突然發出「嗶嗶嗶，現在輪到你了！」，而這個人通常已經好多年、好多年沒看過這種狀況……在事情發生時並未做好準備。[61]

寄予厚望

儘管有這種種的問題，還是有很好的理由要往自駕的未來推進。好處依然多於壞處。駕車一直是全世界最大的可預防死因之一。如果科技能在遙遠的未來減少整體的道路死亡人數，你可能會主張，**不**推出這種東西是不道德的。

而且還有其他很多的優點：即使是簡單的自駕輔助系統，也能減少燃料消耗[62]，並緩解交通壅塞[63]。再加上——我們就老實招認吧——當你開到每小時七十英里，把手從方向盤上移開，即使只是一下下，這個點子實在是……酷。

但，回頭想想班布莉琪的警告，的確提示了現今自駕科技是如何架構起來的問題。

就拿特斯拉來說吧，它是最先把自動駕駛引進市場的汽車製造商之一。很少有人懷疑他們的系統整體而言已產生正面的影響，對那些使用該系統的人來說，駕駛變得更安全——你無須遠求，網路上便能找到影片介紹「前方碰撞警示」性能，在駕駛人察覺之前辨識事故發生的風險、發出警報，以挽救車輛免於撞毀。[64]

但車子能做的——其實就是高檔的前向駐車感測器和聰明的定速巡航——與用來描述的文句之間，稍微有點對不起來。舉例來說，二〇一六年十月，該公司宣稱「特斯拉現在生產的所有車子都有全自駕硬體」*。根據 The Verge 網站上的一篇文章，特斯拉的產品建構師伊隆・馬斯克（Elon Musk）補充說：「從此刻起，全自動更新將會是特斯拉所有交通工具的標準。」[65]而「全

*原注：在本書撰寫期間的二〇一八年二月，「全自駕硬體」是一項可以加價購買的選配項目，但這款車目前並未執行能夠完成全自駕行程的軟體。特斯拉網站上說：「無法確知上述功能性各項元件何時可以上市。」參見 https://www.tesla.com/en_GB/blog/all-tesla-cars-being-produced-now-have-fullself-driving-hardware。

自動」一詞，可以說與使用者在使用現今的自動駕駛之前必須先同意的警語相左：「你必須對你的交通工具保有掌控權與責任感。」[66]

懷抱希望很重要。你可以不同意，但我認為，把柳橙卡在方向盤上的那些人——或是更糟，像我在網路的暗黑角落找到的，製造並販售設備「讓先期用戶（開車時）減少或關掉自動駕駛的查核警示」*——是受人信賴的品牌使用誤導性文句不可避免的必然結果。

當然，特斯拉不是汽車工業中唯一的犯罪者。地球上每一家公司都是訴諸我們的奇想以販售他們的產品。但對我來說，認為香水會讓我更有吸引力而買香水，和認為這輛車的全自駕系統會讓我安全而買車，兩者是有差別的。

撇開行銷策略不談，我忍不住好奇：我們現在對無人駕駛車的思考是不是整個搞錯方向？到目前為止，我們知道人類確實善於理解細微的差異，善於分析前後脈絡、應用經驗及分辨不同模式。我們確實拙於專注、拙於精確、拙於前後一致，也拙於充分覺察我們的周遭處境。簡言之，我們和演算法所擅長的技能恰恰相反。

因此，何不依循醫療領域的腫瘤搜尋軟體先例，讓機器的技能與人類的技能互補，並且提升兩者的能力？在我們能夠全自駕之前，何不翻轉這道方程式，把目標放在輔佐駕駛人，而非那種主客易位的自駕系統？一套如ABS（anti-lock braking system，防鎖死煞車系統）或循跡控制系統（traction control system）的安全網，可以耐心地監視路況，並對駕駛人忽略的危險保持警戒。不那麼像司機，而是像守護神。

這就是豐田汽車研究機構所進行的研究背後的理念。他們在車子內部建立兩種模式。有「司機」模式——像奧迪的塞車駕駛系統——可以在塞車嚴重時接手；還有「守護神」模式，人類駕駛期間在幕後運作，並且扮演安全網的角色[67]，如果有駕駛人沒看到的任何狀況突然發生，降低發生事故的風險。

Volvo 汽車已經採取類似的路線。他們的「自動緊急煞車」系統會在車子太靠近前方車輛時自動減速，並以 Volvo XC90 令人印象深刻的安全性紀錄而廣獲好評。自從該車款在二〇〇二年於英國首賣以來，已經賣出超過五萬輛，而且沒有任何一位車內駕駛或乘客在車禍中死亡。[68]

如同許多受到熱烈討論的無人駕駛科技，我們必須等待，看看結果如何。但有一件事是確定的——隨著時間進展，自動駕駛會有一些可以教導我們的教訓，這些教訓的應用遠超乎機動車輛

*原注：這是一項真有其物的產品，叫做「The Autopilot Buddy」（自駕好夥伴），你可以用優惠價一百七十九美元買到。值得一提的是，網站上的小字體寫著：「The Autopilot Buddy™任何時候都不應在公共街道上使用。」參見 https://www.autopilotbuddy.com/。

的領域。不只關乎交出操控權的亂象，也關乎我們對演算法能做什麼的期待要切於實際。

如果這要有效果，我們必須調整我們的思考方式。我們需要將車輛每次運作都應完美的觀念拋開，而要接受：機械故障事件也許罕見，演算法失靈則幾乎可以確定近期不會發生。

所以，知道錯誤不可避免，知道如果我們繼續發展下去，除了擁抱不確定之外別無選擇，無人駕駛車領域的難題將迫使我們做出決定：在我們願意放手讓這東西上我們的街道之前，它需要好到什麼程度才行？這是重要的問題，而且適用於其他領域。多好才夠好？一旦打造出一套**能夠**計算一些東西但有瑕疵的演算法，你該讓它上路嗎？

／犯罪

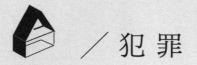

一九九五年一個溫暖的七月天，一名二十二歲的大學生把她的書收拾好，離開里茲大學的圖書館，回她的車上。她花了一整天為她的論文做最後的潤飾，現在她可以自由享受剩下的夏天。但當她坐上車子前座、準備好要離開，聽到有人從立體停車場另一邊向她跑來的聲音。在她有機會做出反應之前，一個男人從打開的窗戶探身進來，把刀子架在她喉嚨上。他強迫她到後座去，把她綁起來，用強力膠黏住她的眼皮，坐上駕駛座把車開走。

開了令人膽戰心驚的一段路之後，他把車停到草皮堤岸上。他把椅背放倒時，她聽到咚地一聲悶響，接著是他開始脫衣服的聲音。她知道他正打算強姦她。她矇著眼奮戰，把膝蓋抬到胸口，然後盡全力往外推，把他逼退。當她踹著腳掙扎時，他手裡的刀子割到自己的手指，血滴在座椅上。他揍了她的臉兩次，接著跑出車外離開，令她大大鬆了一口氣。在她遭難兩小時後，有人發現這名學生在里茲的環球路（Globe Road）上徘徊，蓬頭亂髮、近乎發狂，襯衫被撕破，臉上被他揍的地方紅腫，眼皮被膠封住。[1]

令人不敢置信的是，這種對陌生人性侵並不常見，但一旦真的發生，往往會變成連續犯案。可以確定的是，這不是這個男人第一次動手。警察分析車上血跡後發現，這個DNA和兩年前發生在另一處立體停車場的強姦案所取得樣本相符。那次性侵發生在更往南約一百公里處，在諾丁罕。而且經過BBC《犯法監察》節目（*Crimewatch*）呼籲，警方也設法把這個案子與十年前發生在布拉福（Bradford）、里茲及萊斯特（Leicester）的另外三起事件連結起來。[2]

追蹤這名連續強姦犯並不容易。把這些犯行兜起來看，廣及七千零四十六平方公里的範圍，占這個國家很大一片。這些犯行也給了警方數量驚人的可能嫌犯——總計三萬三千六百二十八名——必須一一審訊或調查後加以排除。[3]

有必要進行大規模的搜索，而這也不是第一次了。十年前的性侵案演變成大規模搜索逃犯，但儘管敲了一萬四千一百五十三家的大門，也蒐集了許多棉棒採樣、頭髮樣本及其他各種證據，警方的調查行動最後還是原地踏步。最新近的這次搜索有重蹈覆轍的嚴重風險，直到引進加拿大一名卸任警察金姆・羅斯莫（Kim Rossmo）和他新近開發的演算法來提供協助。[4]

羅斯莫有一個大膽的想法。他的演算法不參考已經蒐集來的大量證據，真的是對所有證據都視而不見，反倒把焦點只放在單一因素上：地理。

羅斯莫說，加害人也許不是隨機挑選要在**哪裡**尋找加害目標。或許他們對地點的選擇並非完全出於自由意志或有意識的決定。即便這些性侵案發生於全國各地，但羅斯莫很好奇，有沒有可能在犯罪地理中隱藏著一種非刻意的模式——簡單到能夠加以利用的模式。他相信，犯罪發生的地點有可能洩漏了罪犯真正的居住地。連續強姦犯的案件是讓他的理論接受檢驗的一個機會。

山貓行動與草坪灑水器

羅斯莫不是第一個提出罪犯在無意中創造出地理模式的人。他的想法一脈相承，可以回溯到一八二〇年代，當時任職於法國司法部、由律師轉行當起統計學家的安德烈─米歇爾．格雷（André-Michel Guerry），開始蒐集發生在法國各個不同地區的強姦案、謀殺案和搶劫案紀錄。[5]

雖然蒐集這種種數據在今日似乎是相當標準化的做法，但在數學和統計學只應用於硬科學的那個時代，方程式是用來優美描述宇宙物理法則：追蹤行星劃過天際的路徑、計算蒸汽引擎內部的力量，諸如此類的東西。以前沒有人自找麻煩去蒐集犯罪資料。沒有人知道該記錄什麼、該如何記錄，或是應該多久記錄一次。而且不管怎麼樣——照當時人們的想法——這麼做的重點何在？男人天生強壯、獨立，隨自己的自由意志四處遊蕩、採取行動。他的行為不可能以瑣碎的統計學操作來掌握。[6]

但格雷根據他對全國罪犯普查資料所做的分析，提出不同看法。他發現，無論是在法國的哪裡，所犯罪行為何、如何犯下——以及由誰所犯——似乎出現可辨識的模式。年輕人所犯罪行比老年人多，男人比女人多，窮人比富人多。令人感興趣的是，很快就弄清楚這些模式不隨時間變動。每一個區域都有自己的一套犯罪統計，和前一年同期比較幾乎沒有變動。搶劫、強姦和謀殺的數據年年重複，精準到近乎恐怖。甚至連謀殺犯所用的手法都能預測出來。這表示格雷和他的同事可以挑出一個區域，事先精確告訴你，任一年的持刀、持劍、持石、繩絞或溺斃的謀殺案可預估有多少件。[7]

因此，或許這根本不是罪犯自由意志的問題。犯罪並非隨機，人是可以預測的。而在格雷的發現將近兩個世紀後，羅斯莫想加以利用的，正是此一可預測性。

格雷的研究集中在全國和區域層級所發現的模式，但即使在個人層級上，事實證明，犯罪的人依然創造出可靠的地理模式。就和我們其他人一樣，罪犯往往會依附於他們熟悉的地區。他們在當地做案。這意味著即使最嚴重的犯罪，很可能還是在接近犯罪人居住地的附近實行。而隨著你越來越遠離犯罪現場，找到犯罪人住所的機會也緩步滑落[8]，這是一種犯罪學家稱之為「距離衰減」（distance decay）的效應。

另一方面，連續犯不太可能以住得**非常**靠近的人做為加害目標，以避免在自家門口引起警方不必要的注意，或是被鄰居認出來。結果就形成所謂以犯罪人住所為圓心的「緩衝區」（buffer zone），他們在這個區域內犯罪的機率會非常低。[9]

這兩個關鍵模式——距離衰減和緩衝區——隱藏在最重大犯罪的地理模式之中，是羅斯莫演算法的核心所在。從標示在地圖上的犯罪現場開始，羅斯莫知道自己可以用數學方法平衡這兩個因素，並描繪出犯罪人可能住所的圖像。

若只犯下一樁罪行，這幅圖像並非特別有幫助。沒有足夠的後續資訊，所謂**地緣剖繪演算法**（geoprofiling algorithm）告訴你的，不會比老生常談的常識多到哪裡去。但當更多的犯罪資料加進來，這幅圖像開始鮮明起來，在一幅慢慢變清晰的城市地圖上，突顯出你最有可能逮到犯人的區域。

連續犯好比是一支正在旋轉的草坪灑水器，就像你很難預測下一滴水會落在何處，你也無法預見你的罪犯下一次會在哪裡犯案。但一旦水已經灑了一陣子，落下許多水滴，相對容易從水滴模式觀察出草坪灑水器可能位於何處。

在獵捕連續強姦犯的「山貓行動」（Operation Lynx）中，羅斯莫演算法的運用也是如此。專案小組此刻已經有了五樁個別犯行的地點，加上犯案者使用失竊信用卡買菸酒和電玩遊戲的幾個地點。以這些地點為基礎，演算法突顯出兩個它相信犯罪人可能居住的關鍵區域：米爾葛斯（Millgarth）和基林貝克（Killingbeck），兩個都在里茲郊區。[10]

回來說重案組，警方還有另一項來得正是時候的關鍵證據：犯案者在先前的犯罪現場留下一枚局部指紋。這個樣本太小，指紋自動辨識系統無法以定讞罪犯指紋資料庫快速處理來找出符合對象，因此任何比對工作都需要由專家極其精細專注地進行，拿著放大鏡一次一名嫌犯費力檢視。此時，這項作業已經進行了將近三年——儘管有五個警局一百八十名警官全力投入——快要失去繼續下去的動力了。每一個線頭只是通向另一條死路。

警官決定手工檢查演算法突顯的兩處地點記錄的全部指紋。第一個登場的是米爾葛斯：但徹底搜尋過當地警方資料庫儲存的指紋，並沒有得到任何結果。接下來是基林貝克——經過九百四十小時徹底掃過這裡的指紋紀錄，警方終於得到一個名字：克萊夫·巴威爾（Clive Barwell）。

巴威爾是四十二歲已婚男子、四個孩子的父親，在兩樁性侵案件之間的空檔，曾因持械搶劫坐過牢。他此時以貨車駕駛為業，執行業務期間定期到全國各地長途旅行；但他住在基林貝克，經常探訪住在米爾葛斯的母親，是演算法所突顯的兩個地區。[11]局部指紋本身還不足以斷定他的身分，但後續的DNA檢測證明，就是他犯下這些驚人罪行。警方抓到他們要的人了。巴威爾在一九九九年十月認罪，法官判他八個連續執行的無期徒刑。[12]

案件一結束，羅斯莫就有機會盤點演算法表現如何。演算法從未真正明確指名巴威爾，但確實在地圖上突顯警方應該集中注意的區域。如果警方運用演算法，根據嫌犯名單上每個人的居住地來排出優先順位——依序核對指紋並採樣DNA——沒有必要麻煩那麼多無辜的人。他們只要搜尋該區的百分之三，就會找到巴威爾。[13]

演算法已經確定證明有效，並帶來其他正面效應。由於只根據你既有的嫌犯名單排出優先順位，不會受我們在〈司法〉一章中所遭遇的那種偏見之害。還有，它不會取代優秀的偵查工作，只是讓調查更有效率；所以，人們不太有機會賦予它過多的信任。

它也具有難以置信的彈性。自從「山貓行動」之後，它已經被全世界各地超過三百五十個對抗犯罪的機關採用，包括美國聯邦調查局和皇家加拿大騎警。而且它提供的洞察力擴及犯罪偵查之外：該演算法已經被埃及用來根據瘧疾病發地點，找出被蚊子當作繁殖地的淤積水池。[14]倫敦大學學院一名博士生現正運用該演算法，試圖根據土製炸彈放置地點，預判炸彈工廠位置。倫敦還有一群數學家甚至運用這套演算法，根據行蹤難料的街頭藝術家班克西（Banksy）畫作被發現的地點，試圖加以追蹤。[15]

幸好，地緣剖繪效果最好的犯罪類型——連續強姦、謀殺和暴力攻擊——並不常見。現實上，絕大多數的侵害行為不一定需要進行巴威爾案件所要求的那種搜索。如果演算法要在這些極端案例之外的犯罪處理上有所不同，後續需要有不同的地理模式。這種地理模式可以應用於整個城市，可以掌握每一個轄區警員出自本能就知道的街道或角落的模式與節奏。謝天謝地，傑克·梅珀（Jack Maple）正好有這樣的東西。

未來圖表

一九八〇年代搭乘紐約地鐵，可能有很多人會多考慮一下。那不是個好地方。每一面牆都畫滿塗鴉，車廂有發霉的尿騷味，月台上時有吸毒、偷竊和搶劫。每年約有二十名無辜的人在地底下遭到謀殺，使得地鐵幾乎成了世界上最危險的地點之一。

梅珀就是在這樣的背景下擔任警官。他才剛為自己掙到晉升捷運巡官，而在警隊這些年，他越來越厭倦向來只能被動應付犯罪，而不是奮力減少犯罪。從這樣的挫折中，孕生出一個了不起的想法。

「我在五十五英尺長的空白牆壁上面畫上紐約市每一個車站和每一班列車，」梅珀在一九九九年告訴採訪者：「接著，我用蠟筆標示發生過的每一樁暴力犯罪、搶劫和加重竊盜罪，畫上已破案和未破案的記號。」[16]

這聽起來可能不怎麼樣，但他用蠟筆潦草畫在牛皮紙上的地圖，後來以「未來圖表」（Charts of the Future）命名，在當時是很革命性的。之前沒有人想過以這種方式來看犯罪。但當梅珀往後一退，將整個城市的犯罪值一覽無遺，那一刻，他明白自己正以一個全新的視角看待一切。

「問題來了。為什麼？」他說：「為什麼特定地點有特定的犯罪群聚，其背後導因為何？」

當時的問題在於：打給警方的每一通電話都被當成孤立的意外事件。如果你打電話通報有一群具攻擊性的藥頭正在街角出沒，但警察一到，他們就躲得不見人影，不會留下任何紀錄能把你的抱怨和幫派重回地盤後的其他報案電話連結起來。相較之下，梅珀的地圖意味著他可以精確指出哪裡有長期犯罪問題，也表示他可以開始一項一項翻找原因。「這裡有購物中心嗎？這就是為什麼我們有很多扒竊和搶案的原因嗎？這裡有學校嗎？這就是為什麼我們每到三點便出事的原因嗎？附近有空屋嗎？這就是為什麼街角有快克古柯鹼交易的原因嗎？」[17]

能夠回答這些問題，就是朝著解決這座城市的問題邁出了第一步。因此，一九九〇年，當思想開放的比爾．布萊頓（Bill Bratton）當上紐約捷運警察局局長，梅珀把他的未來圖表拿給布萊頓看。他們運用這些圖表，一起努力讓地下鐵成為對所有人都更安全的場所。[18]

布萊頓有他自己的聰明點子。他知道，人們乞討、便溺和翻越入口閘門，是地下鐵的一大問題。他決定把警方的注意力集中在解決這些小罪小惡，而不是同樣在地底下氾濫的搶劫和謀殺這些更嚴重的罪行。

這裡有兩重的邏輯。第一，你在犯罪熱點上嚴厲對待任何的反社會行為，可以發出一個強烈訊號，也就是任何形式的犯罪活動都不被接受，因而可望開始改變人們對「正常」的看法。第二，逃票的人之後成為罪犯而犯下更大罪行的可能性，高得不成比例。如果他們因為逃票而被捕，就不會有這個機會。「藉由取締逃票行為，我們能在攜帶武器的重刑犯搭上地鐵並破壞洩憤之前，把他們擋在入口閘門之外，」布萊頓在一九九一年對《新聞日報》（*Newsday*）說道。[19]

策略奏效。當警方的作為變聰明，地鐵就變安全。一九九〇年至一九九二年，梅珀的地圖和布萊頓的戰術，使得在地下鐵發生的重刑案減少了百分之二十七，搶案減少了三分之一。[20]

當布萊頓當上紐約市警察局局長，決定把梅珀的未來圖表一起帶進來。這些圖表在紐約市警察局逐漸發展並改良為「電腦統計警政」（Compare Statistics, CompStat），一種資料追蹤工具，如今獲得美國和國外許多警察局採用。其核心仍是梅珀的簡單原則——記錄犯罪發生地點，以突顯出城裡最糟的熱點在哪裡。

這些熱點通常很集中。舉例來說，在波士頓，一項為期超過二十八年的研究發現，全部街道搶案的百分之六十六發生在僅僅百分之八的街道上。[21]另一項研究把打給明尼亞波里斯警方的三十萬通報案電話畫成地圖，其中半數來自僅僅百分之三的城區。[22]

但這些熱點並非一直留在原地，而是不斷地四處移動，如水面上的油滴般微妙地移位變形，甚至是次日就變。當布萊頓在二〇〇二年轉調到洛杉磯，他開始好奇是否有其他模式，可以告訴你犯罪會在**何時**及**何處**發生。有沒有辦法可以看得比已經發生的犯罪更遠？不只是被動應付犯罪，這是梅珀挫折的根源，或是在犯罪發生時與之奮戰，你是否也能預測犯罪呢？

標示與助長

說到預測犯罪，入室竊盜是一個不錯的起點。因為入室竊盜發生於某個地址，你精確知道這些案子在何處發生——比方說，扒竊就不一樣。畢竟，受害者很可能回到家才注意到自己的手機不見了。如果被闖空門，大多數人會報案，所以我們有真正完善、豐富的資料庫，舉例來說，毒品相關犯罪資料的蒐集難得多了。加上人們通常很清楚自己家何時被闖空門（也許是在他們上班時，或是晚上外出時），這是破壞公物之類的犯罪不會有的資訊。

入室竊盜犯與羅斯莫所研究的連續謀殺犯和連續強姦犯也有共通之處：他們往往有依附於熟悉區域的偏好。我們現在知道，如果你住在入室竊盜犯經常使用的街道上，比方說在他們上班或上學的路上，你比較有可能被闖空門。[23]我們*也知道，入室竊盜犯對街道熱鬧的喜好度有其最佳平衡點：他們往往避開車水馬龍的道路，卻住進有很多悠遊自在的外地人走來走去、擺出封面人物姿態的街道（只要沒有很多聒噪的本地人晃來晃去、一副守望相助的模樣就行）。[24]

---

*原注：這時候，當我說「我們」，我真的就是指那意思。這項研究是我和我那了不起的博士生麥克・弗瑞斯（Michael Frith）一起完成。

但那只是你的住家吸引入室竊盜犯的兩項要件中的第一項。沒錯，有些因素不會隨時間而改變，像是你住在哪裡或你家那條路有多熱鬧，這會給你的房產「標示」（flag）出做為闖空門目標的穩定吸引力。但在你衝出家門把房子賣掉、搬去守望相助規畫完善的寧靜囊底巷之前，應該要了解，犯罪熱點並非靜止不動。你的住家吸引力第二項要件，可以說更加重要。這項因素取決於到底你家的左鄰右舍此時正發生什麼事。這就是所謂的「助長」（boost）因素。

如果你在短期內已被闖入兩次，對助長效應再熟悉不過了。因為警察會在你第一次受害之後告訴你，罪犯往往重複以相同地點為目標——這意味著無論你住哪裡，剛被闖空門之後的這幾天，是你風險最高的時候。事實上，你被鎖定為目標的機率在這段期間會提高十二倍。[25]

有一些理由可以解釋為什麼入室竊盜犯可能決定重回你家。或許他們已經知道你家的配置，或是你把值錢的東西收在哪裡（還有，像電視和電腦這類東西，往往很快就會買新的），或是你家的門鎖、當地的脫逃路線；或者有可能他們看上某項第一回搬不走的高價物品。無論理由為何，這種助長效應不只適用於你。研究人員發現，你的鄰居緊接在你之後被闖空門的機率也會得到助長，你鄰居的鄰居也會，還有你鄰居的鄰居的鄰居，諸如此類，沿著這條街一路下去。

你可以想像這些助長因子迸發、點燃，橫跨全城，如一場煙火表演。當你離原始起火點越遠，助長效應就變得越來越微弱；這種效應也隨時間而漸淡，兩個月後會完全消失——除非有新的犯罪對同一條街再次助燃。[26]

犯罪的標示與助長，其實在大自然中有類似的現象：地震。沒錯，你無法精確預測初震會在何處、何時襲來（雖然你知道某些地方比其他地方更容易發生地震）。但第一波震動一旦開始，你就能滿像一回事地發表你對餘震會在何處發生、間隔多久的預估，震央的風險最高，離得越遠就越低，而且隨時間過去而遞減。

在布萊頓的指導下，地震模式與闖空門之間的關聯性首次建立起來。對於找出犯罪預測方法很感興趣的洛杉磯警察局，和加州大學洛杉磯分校一群數學家聯手，讓他們挖遍警方能弄到手的所有資料：八十多年來的一千三百萬起刑事案件。儘管犯罪學家當時已經知道「標示」和「助長」好幾年，但在搜尋資料模式的過程中，加州大學洛杉磯分校團隊率先了解到，對地震波和餘震風險預測得如此出色的數學方程式，也有可能用來預測犯罪和「模仿犯」，而且不只對闖空門有效。這是一種從偷車到暴力和破壞公物所有犯罪的預測方法。

這些意涵的確是地震等級的。不再只能含含糊糊地說城內近來受害地區「風險較高」，有了這些方程式，你可以準確量化該風險為何，準確到單一一條街的層級。而且，用機率統計的說法，知道城內特定區域在某夜會成為入室竊盜犯的鎖定焦點，不難寫出一套可以告訴警方要把注意力鎖定何處的演算法。

預測警政系統（PREDictive POLicing, PredPol）就此誕生。

犯罪預報機

你很可能早就接觸過預測警政系統。自從二〇一一年啟用以來，它一直是數以千計新聞報導的主題，標題通常會提及湯姆．克魯斯的電影《關鍵報告》（*Minority Report*）。這套系統已經成了演算法的話題女王：媒體上極為有名、受到嚴厲批評，卻沒有任何人真正了解它做了什麼。

因此，在你腦中充滿躺在水池裡尖聲喊出預告的先知影像之前，且讓我幫你稍微做點期望管理吧。預測警政並非在人們犯罪前就加以追查，其標的完全不可能是個人，只能是地理。我也知道，我一直大談「預測」這個字眼，但實際上，演算法不能告訴我們未來。演算法並非水晶球，演算法只能預測未來發生某些事件的風險，而非預測事件本身——這是一項隱微但重大的差異。

就把演算法想成是接受賭客下注的莊家之類吧。假設有一大群警官擠在一幅城市地圖旁，正在下注當晚哪裡會發生犯罪事件，由預測警政計算輸贏。它所扮演的角色如同一台預報機，以地圖上的紅色小方塊形式，突顯出當晚「勝算最高」的街道和地區。

問題的關鍵是：跟著預報機的最高勝算下注能不能贏錢？為了測試演算法的能耐[27]，分別進行兩次實驗，讓人類最厲害的犯罪分析專家單挑演算法：一次在英國南部的肯特，另一次在洛杉磯南區分局。測試辦法是正面交鋒的直球對決。演算法和專家需要做的，是把二十個各代表一百五十平方公尺面積的方塊放在地圖上，指出他們認為接下來十二小時會發生最多犯罪的地點。

在我們得出結果之前，重要的是要強調這有多麼複雜。如果你我接到同樣的任務，假定我們對肯特或加州的犯罪地景並無廣泛的認識，表現大概不會比隨機將方塊投到地圖上要好。不過，這些方塊涵蓋範圍小得可憐——以肯特的例子來說，僅僅只有總面積的千分之一[28]——而且每十二小時就必須清除你先前的猜測，全部從頭再來一遍。如果是隨機散置的話，可以預料我們成功「預測」到的犯罪不會超過百分之一。[29]

專家做得比這好多了。在洛杉磯，分析師做到正確預測百分之二點一的犯罪發生地[30]，英國的專家甚至做得更好，平均有百分之五點四[31]；當你考量到他們的地圖尺寸大概是洛杉磯的十倍大，這個分數格外令人印象深刻。

但演算法令所有人都黯然失色。在洛杉磯，演算法正確預測的犯罪數是人類所能預測的兩倍以上，而且在英國測試的某一回合，幾乎有五分之一的犯罪發生在依據數學方法所設置的紅色方塊內。[32]預測警政不是水晶球，但史上不曾如此成功地預見犯罪。

預言付諸實現

但有一個問題。儘管演算法相當善於**預測**接下來十二小時的犯罪會在哪裡發生，警方自己卻有一個略微不同的目標：**減少**接下來十二小時的犯罪。演算法把它的預測結果給了你之後，接下來該怎麼做，不是那麼清楚。

當然有一些選項。以闖空門的例子來說，你可以設置監視錄影機或安排警官臥底，在行動中逮捕罪犯。但要是你的力氣是用在犯罪發生前的預防，或許對每個人都比較好。畢竟，你會比較喜歡哪一種？在犯人被逮的犯罪事件中當個受害者？或是一開始就不要當犯罪受害者？

你可以向當地居民警告他們的房產有風險，也許提議改善他們的門鎖，又或許安裝闖空門警報，或是電燈開關定時器，讓路過而心懷不軌的人誤以為有人在家。這就是二〇一二年曼徹斯特一項研究的內容[33]，他們在那兒成功減少了入室竊盜案件數超過四分之一。不過有一個小缺點：研究人員計算，這項所謂的「目標加固」（target hardening）戰術每遏阻一次入室竊盜，要花費三千九百二十五英鎊。[34]試試看洛杉磯警察局買不買這筆帳，他們每年要處理超過一萬五千件入室竊盜案。[35]

另一種盡可能不偏離傳統維安作為的選項，是所謂「點狀布警」（cops on the dots）戰術。

「在以前，」倫敦警察廳退休警官史帝夫・科爾根（Steyve Colgan）告訴我：「〔巡邏〕只是地理性的，你拿到地圖，把它剪成一塊塊，然後大家分一分。你是這個轄區、你是那個轄區。就那麼簡單。」問題是，正如英國一項研究計算，一名警官步巡他們被隨機指派的轄區，可望每八年會有一次來到入室竊盜案發生地一百碼以內。[36]

採取點狀布警，你只要把你的巡邏隊派去演算法所突顯的熱點就行了（說實在，應該稱之為熱點布警，但我猜是沒那麼好記）。這個想法是，當然，如果能讓警方盡可能被看到，而且是在正確的地方、正確的時間，他們比較有可能阻止犯罪發生，或至少案發後馬上快速反應。

這就是肯特所發生的狀況。在研究的第二階段，當夜班勤務開始，巡佐列印出以紅方塊突顯當晚風險區的地圖。巡邏警察一有比較平靜的空檔，便會去紅方塊附近，下車四處走走。

某天晚上，在一個他們平常決不會去的區域，警方在街上發現一名東歐婦女和她的小孩。後來知道該婦女受到虐待，而且才幾分鐘前，這個小孩遭到性侵。當晚執勤的巡佐確認「他們是因為人在預測警政的方塊區內而發現這些人」。[37]嫌犯當晚稍後在附近被逮捕。

在點狀布警試行期間得助於演算法的人，不是只有那位母親和她的小孩：肯特整體犯罪減少百分之四。美國類似的研究（由預測警政公司自己進行）所回報的犯罪減幅更大。在洛杉磯麓山地區（Foothill），運用該演算法的頭四個月，犯罪減少了百分之十三，雖然城裡其他地區增加了百分之零點四，那些地區仰賴的是比較傳統的維安作為。阿罕布拉（Alhambra），離洛杉磯不遠的一座加州城市，二〇一三年一月部署該演算法之後，回報了非比尋常的入室竊盜減少百分之三十二、竊車減少百分之二十。[38]

這些數字令人印象深刻，但實際上很難確切知道預測警政是否當之無愧。倫敦大學學院數學家暨犯罪科學家托比．戴維斯（Toby Davies）告訴我：「有可能光是鼓勵正在執勤的警官前往各個地點，無論是在哪裡，並且下車四處走走，真的就能導致〔犯罪〕減少。」

這裡還有另一項課題。如果你越努力查犯罪就越有可能查到，那麼把警力派出去的舉動，其實便能改變犯罪紀錄。「當警方待在某個地點，」戴維斯告訴我：「他們偵查到的犯罪比其他做法要多。即使有數量相等的犯罪正在兩地發生，警方在他們到場的地點偵查到的，多過於不到場的地點。」

這意味著點狀布警戰術的運用有一個非常大的潛在缺陷。因為演算法的預測而把警力送進某個區域與犯罪相搏，你可能有落入反饋迴路（feedback loop）的風險。

比方說，如果一個比較貧窮的鄰里社區一開始的犯罪等級就高，演算法很可能會預測那裡未來將發生較多犯罪。結果有較多的警察被派往該鄰里，這表示他們會偵查到較多的犯罪。於是，演算法繼續預測會有較多犯罪，較多的警官被派去那裡，循此以往。對於那些與較貧窮地區有關的犯罪，如乞討、遊蕩和低度吸毒，這些反饋迴路本身更有可能是問題所在。

在英國，社會上某些階層的人經常抱怨街上看不到警察，因此把警方的注意力集中在某些區域，或許不會馬上顯得不公。但並非每個人都與警方關係良好。「對於每天都看到警察在他們家門前的人，因此而感到受壓迫有其正當性，即使沒有人犯任何罪，即使那名警察真的只是走來走去，」戴維斯告訴我：「你簡直有權拒絕不斷地受到壓力、受警方監控。」

我是滿贊同的。

時至今日，調整良好的演算法**應當**打造成能將警方所採用的戰術納入考量。至少理論上有辦法確保演算法不會不成比例地鎖定特定鄰里為目標——像是除了高度風險區，也會隨機派遣警力去中度風險區。不幸的是，沒有辦法確知預測警政是否正設法全面避免這些反饋迴路，或更一般性而言，是否真的在公平運作，因為預測警政系統是一種有專利的演算法，編碼不對大眾開放，沒有人確切知道到底是怎麼運作的。

預測警政系統並非市場上唯一的軟體。競爭者之一是「預感實驗室」（HunchLab），其運作方式是綜合各種與某地區有關的統計：紀錄在案的犯行、報案電話、普查資料（以及更令人瞠目的衡量標準，如月相變化）。預感實驗室軟體並無基礎理論，也不打算查明某些區域發生的犯罪**為什麼**多過其他區域，純粹只是回報在資料中發現的模式。結果，它能可靠預測的犯罪型態多過預測警政系統（其核心有各種關於罪犯如何形成地理模式的理論）——但因為預感實驗室軟體也被當成智慧財產來保護，根本不可能從外部來確認它有沒有在無意間歧視某些群體的人。[39]

另一個不透明的預測演算法是芝加哥警察局採用的「重要目標名單」（Strategic Subject List）。[40]這種演算法採取和其他演算法全然不同的做法，不把焦點放在地理上，而是試著預測哪些個人會捲入槍械犯罪。這套演算法運用各種不同的因子，做出一份它認為最有可能在近期的未來捲入槍械暴力者的「熱點名單」（heat list），這些人或者開槍射人、或者被射。其理論合理可信：今天的受害人常常是明天的加害人。且其方案立意良善：警官訪視觀察名單上的人，提供介入方案的申請管道，協助翻轉他們的生活。

但有人擔心，「重要目標名單」可能沒辦法兌現承諾。近期由非營利組織蘭德企業（RAND Corporation）進行的一項調查得出結論：出現在名單上，對個人捲入槍擊案的可能性並沒有影響[41]，但的確意味著這些人比較有可能被捕。該報告的結論是，這或許是因為每當有槍擊案發生，警官直接把觀察名單當成嫌犯名單來用。

預測警政演算法無疑是有機會成功的，而且負責設計這套演算法的人無疑也是滿懷真誠、立意良善，但關於偏見和歧視所引發的憂慮有其正當性。而在我看來，這些質疑太過於動搖公正社會的基礎，以致我們根本無法接受執法機關保證會以正當方式運用的種種說法。這是諸多例證之一，說明我們多麼迫切需要獨立專家及管制機構，以確保演算法帶來的好處多於造成的傷害。

而潛在的傷害超乎預測能力所及。正如我們在其他各種例證所見，真正的危險在於演算法可以給不正確的結果披上權威的外衣。而在此處，這麼做的後果可能會很戲劇化。並不是電腦說怎樣就怎樣。

你以為你是誰？

二〇一四年，史帝夫．塔利（Steve Talley）在丹佛市南區的家中睡覺時，聽到敲門聲。[42]他打開門，看到有個男子為了不小心撞到他的車來道歉。這個陌生人請塔利出來看一下，他照做了。當他蹲下來評估駕駛座這邊車門的受損程度時[43]，一顆閃光彈引爆了。出現三個穿黑夾克戴頭盔的男子，把他打倒在地。一名男子踩在他臉上，另一名抓住他的手臂，還有一名開始一直用槍托打他。

塔利的受傷範圍很大。到那天深夜，他遭受了神經損傷、血栓及陰莖折斷。[44]「我甚至不知道陰莖可以折斷，」他後來告訴調查新聞網站「攔截」（The Intercept）記者：「我一度真的大叫要找警察。然後我明白了，正在毒打我的這些人就是警察。」[45]

比較圖表 12

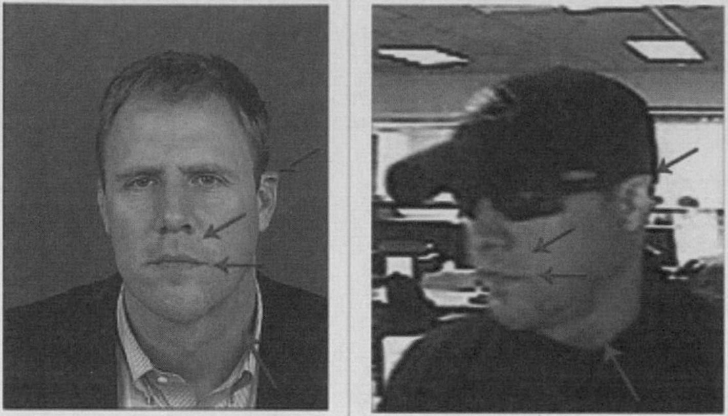

K1 史帝夫．塔利影像　　Q1 美國銀行大廳攝影機影像

塔利因為兩起當地銀行搶案被捕。第二起搶案發生時，一名警官遇襲，塔利認為，這就是為什麼他在逮捕過程中遭到如此野蠻的對待。「我對他們說他們瘋了，」他記得自己對著警官大吼：「你們抓錯人了！」

塔利沒有說謊。他被捕是因為他長得和本尊那傢伙——真正的搶匪——像得驚人。

雖然一開始是塔利家那棟大樓的維修人員，看過地方新聞報導的照片後向警方通風報信，最後應該是聯邦調查局專家在案發後檢視過監視錄影，運用臉部辨識軟體[46]，得出「所述可疑人物看來就是塔利」的結論[47]。

塔利有堅不可摧的不在場證明，但由於聯邦調查局專家的證詞，還是花了超過一年才完全洗刷汙名。在那段期間，他被監押在最高保安等級的牢房將近兩個月，直到出現充足證據才放了他。結果，他沒辦法去上班，等到磨難結束時，他已經失去他的工作、他的家和探視小孩的權利。一切都是鑑識錯誤的直接後果。

看見分身

臉部辨識演算法在現代治安作為當中正開始普及起來。這些演算法收到相片、監視錄影或3D攝影機快照，就會偵測臉部、測量其特徵，並與已知臉部資料庫做比對，企圖確定相片中人的身分。

在柏林，能夠辨識已知恐怖主義嫌犯的臉部辨識演算法被訓練來鑑識經過火車站的群眾。[48]在美國，二〇一〇年以來，這些演算法光是在紐約州，**僅僅**針對詐欺和身分盜用就發動了超過四千次逮捕行動。[49]而在英國，現在把攝影機架在交通工具上面，看起來像加強版的Google街景車，自動四處開來開去，交叉比對我們和通組犯資料庫的相似度。[50]這些廂型車第一次成功找到目標是在二〇一七年六月，一輛車從南威爾斯一名男子身旁開過去，而當地警方已對這名男子發出逮捕令。[51]

我們的安全和保安往往取決於我們的臉部鑑定與辨識能力，但這項任務交在人類手上，可能會有風險。以海關官員為例，最近有一項研究模擬機場保安設施，這些臉孔辨識專家未能發現身分證不符的比率達驚人的百分之十四——而完全合格者則有百分之六誤遭駁回。[52]我不知道你怎麼想，但我覺得，當你考量到每天通過希斯洛機場的人數，這些數字不只是令人有點焦慮而已。

我們稍後會看到，臉部辨識演算法當然可以把這項任務做得比人類好。但用於追捕罪犯時，鑑識錯誤的後果是如此嚴重，而這些演算法的運用引發一項重大問題。把兩個人的身分弄錯，到底有多容易？我們之中有多少個一副塔利臉的正潛伏在外頭某處？

一項從二〇一五年開始進行的研究顯示，你在自己的真實生活中擁有分身的機會（無論是銀行搶匪或其他）小到幾乎為零。阿德雷德大學的泰涵．露卡絲（Teghan Lucas）千辛萬苦在四千人的照片中做了八種臉部測量，其中連一組相符的都找不到，讓她得出結論：兩個人要有完全相同臉孔的機率低於一兆分之一。[53]根據這項計算，塔利不光是運氣有「一點」背而已。考量到他那位兆中選一的邪惡分身也住在附近，**而且**碰巧是名罪犯，我們應該可以預期要在幾萬年之後，才會有另一個倒楣的人落入同樣的悲慘經驗。

但有些理由讓人懷疑這些數字不太兜得起來。想像遇上和你臉孔相同的某人當然難，但長得很像卻毫無關係的陌生人，這類軼聞證據看起來確實比露卡絲研究可能顯示的訊息要常見許多。

以尼爾．道格拉斯（Neil Douglas）來說吧，他搭機要前往愛爾蘭時才發現，他的分身就坐

在他的位子上。在他們的自拍照裡，後面有滿滿一飛機的旅客與他們同笑，這張照片很快像病毒般傳播開來。不久之後，世界各地留著絡腮鬍、紅頭髮的人寄來自己的照片，證明他們也有相似的長相。「我想，我們可以組成一支小型軍隊了，」道格拉斯告訴ＢＢＣ。[54]

我甚至有自己的故事可以添上一筆。我二十二歲的時候，有個朋友給我看一張他們在當地樂團Myspace的網頁上看到的照片。那是一場我沒去過的演唱會上所拍照片的拼貼圖，顯示很多人樂在其中，而其中一人看起來眼熟得令人毛骨悚然。為了確認我沒有在某天晚上失去知覺，出門遊蕩去了如今想不起來有參加過的派對，我寄了電子郵件給樂團主唱，他確認了我的懷疑：我那愛好電子合成流行樂的分身，有著比我更精采的社交生活。

因此，塔利、道格拉斯和我，就是各有至少一名分身的這種人，可能還不只一名。在七十五億人口中，我們加起來就有三人，而且我們還沒開始認真算人頭呢——這樣已經遠超過露卡絲估算的一兆分之一。

有一個理由可以解釋這種落差。一切都歸因於研究人員對「等同」的定義。露卡絲的研究要求，兩個人的測量結果必須完全相合。即便道格拉斯和貌似他的人像到不可思議，如果有一個鼻孔或一片耳垂相差多達一毫米，根據她的判準，他們嚴格說來不算是分身。

但就算你比較的是同一個人的兩幅影像，精確的測量並不會反映出我們每一個人是如何持續在改變，由於年老、疾病、疲憊、我們所做的表情，或我們的臉如何因攝影機角度而被扭曲。想以幾毫米之差來捕捉臉的本質，那麼你在同一個人臉上所發現的變異之多，將一如你在人與人之間察覺到的。簡單說，單憑測量無法區分兩張臉孔。

雖然這兩張臉孔或許不完全等同，但一點都不難想像自己會把道格拉斯和照片中他那素昧平生的分身給弄混。塔利的情況類似，他和真正的搶匪看起來甚至沒有**那麼**相似，但影像還是被聯邦調查局專家錯誤解讀，以至於他被控以未曾犯過的罪名，扔進最高保安等級的牢房。

正如海關官員所顯示的，把不熟悉的臉孔弄混，即使這些臉孔只是略有相似，驚人地容易。結果證明，人類出乎意料地拙於辨識陌生人。這就是為什麼我的朋友聲稱，她是耐著性子勉強看完克里斯多福・諾蘭（Christopher Nolan）攝製優美的電影《敦克爾克大行動》（*Dunkirk*）——因為她要花很大的力氣來分辨這些演員。這是為什麼青少年發現，「借」年長朋友的身分證去買酒頗有成功的機會。這也是為什麼根據美國非營利法律扶助組織「清白專案」（Innocence Project）評估，在百分之七十以上的冤案中，目擊證人誤認發揮了某種作用。[55]

不過，雖然目擊者或許很容易將道格拉斯與他的同機旅伴弄混，他的母親當然可以毫無問題地從照片中認出她兒子——即使說的是真實生活中的分身：一對完全相同的雙胞胎，如果你和他們只是泛泛之交，或許容易弄混，但只要你對他們有正確認識，分辨他們同樣容易。

這裡有一個關鍵點：相似性取決於觀者的角度。沒有嚴格定義相似性，你無法測量兩張臉孔有**多麼**不同，我們也就沒有一個標準可以說兩張臉孔完全相同。你無法定義何謂分身，或是說某一張特定臉孔有多常見；最重要的，你也說不出兩幅影像攝自同一人的機率為何。

這意味著臉部辨識做為一種鑑識法，不像DNA是自豪地端坐在強大的統計學平台之上。把DNA檢測法用於刑事鑑識，罪犯特徵剖析的焦點是放在基因組的特定區塊上，這些區塊已知在人類身上會有高度變異。該變異的程度是關鍵所在：如果犯罪現場發現的身體組織樣本DNA序列與取樣自嫌犯身上的序列吻合，代表你可以計算兩者來自同一人的機率。也意味著，你可以說出某個倒楣傢伙碰巧就在那些點上有相同DNA序列的精確機率。[56]你使用的標記越多，比對錯誤的機率越低，所以藉由選擇所要測試的標記數量，全世界每一個司法系統都完全能夠決定他們願意容忍的疑慮限度。[57]

即便我們覺得自己的臉孔與我們是何許人有如此本質性的關聯，如果不知道人類身上的變異性，以臉孔來指認重犯的做法得不到嚴謹科學的支持。說到以照片認人，借用聯邦調查局鑑識單位的說法：「缺乏統計，意味著這些結論最終都是奠基於個人看法。」[58]

不幸的是，用演算法來做臉部辨識並未幫我們解決此一難題，這是對於運用演算法來指認罪犯一事提高警覺的極佳理由。相像和相同不是同一回事，而且從來不是同一回事，無論演算法變得多精準。

而且，另外還有一個要對臉部辨識演算法步步為營的好理由。這些演算法並非真如你想的那般善於辨識臉孔。

百萬分之一？

演算法本身的運作主要是兩種做法擇一而用。第一種打造出你的臉部3D模型，或者是整合一系列2D影像，或者是運用特殊的紅外線攝影機對你掃描。這是Apple用於iPhone的Face ID系統所採取的方法。這些演算法已經研究出一種方法，把焦點放在臉上有堅硬組織和骨骼的區域，像是眼窩或鼻梁，以處理不同臉部表情與老化的問題。

Apple 聲稱，隨機碰上某人能通過 Face ID、把你手機解鎖的機率是百萬分之一，但該演算法並非毫無瑕疵。演算法會被雙胞胎[59]、兄弟姊妹[60]和拿到爸媽手機的小孩給愚弄（就在 Face ID 啟用後沒多久，一段影片中出現一名十歲大的男孩可以騙過他母親的 iPhone 臉部辨識系統，現在他母親如果有什麼不想讓兒子看的，會把短訊刪掉[61]）。也曾有報導說，演算法可能被眼部黏有紅外線影像的特製3D列印面具給騙了。[62]這一切都意味著，演算法或許好到足以幫你的手機解鎖，但大概還沒有可靠到能用來為你的銀行帳戶把關。

這些3D演算法在掃描護照相片或監視錄影方面也不是很有用。在這方面，你需要第二種演算法，這種演算法只用2D影像並採用統計做法。這些演算法不直接關注你我可能視為醒目特徵的標的物，而是建立一套對於整個影像明暗模式的統計式描述。就像在〈醫療〉一章中打造來辨識狗的演算法，研究人員近年來了解到，不必仰賴人類來決定哪些模式最可行，你可以讓演算法運用試誤法（trial and error），憑藉大量臉部資料庫，自己學會最佳的模式組合。通常這要運用類神經網路才能辦到。近年來效能和準確性的大躍進，就在這種演算法裡派上了用場。只不過，這種效能是砸錢換來的。至於演算法到底是**如何**決定兩張臉孔相像與否，也不是每次都很明確。

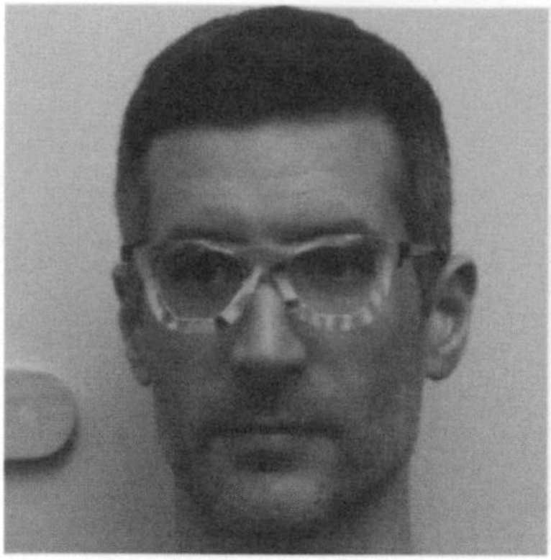

這意味著這些最先進的演算法可能很容易受到愚弄。因為它們的運作是偵測臉孔明暗模式的統計描述，你只要戴上印有搞怪圖案的放克風眼鏡，便能騙過它們。更厲害的是設計特殊的搞怪圖案，發出某人臉孔的訊號，真的就能讓演算法以為你是那個人——像上圖那傢伙就戴著讓他看起來「像」女演員蜜拉・喬娃維琪（Milla Jovovich）的眼鏡。[63]用眼鏡來偽裝？看來，《超人》主角克拉克・肯特（Clark Kent）深明個中要領。

然而，撇開放克風眼鏡的鎖定式出擊不提，這些統計演算法的辨識能力已經催生出諸多大表讚賞的頭條標題，像是那些對 Google 的 FaceNet 張開雙手歡迎的報導。為了測試其辨識技巧，FaceNet 被要求指認五千幅名人臉孔的影像。先前人類辨識專家已經嘗試過相同的任務，表現異常良好，拿到百分之九十七點五正確指認的分數（這不令人意外，因為受試者早就已經熟悉這些名人臉孔）。[64]但

FaceNet 表現得更好，拿下令人嘆為觀止的分數，百分之九十九點六正確。

表面上，這看似機器已經掌握超人類的辨識技能。聽起來是很好的結果，好到理當足以支持將演算法用於指認罪犯。但其中有詐。用五千張臉孔測試你的演算法，其實是少得可憐的數目。如果要實際用來對抗犯罪，必須在數百萬張臉孔之中找出一張，而不是數千張。

這是因為英國警方現在握有我們一千九百萬幅臉部影像的資料庫，這是那些涉案被捕的個人拍照建檔所創造出來的。另一方面，美國聯邦調查局擁有四億一千一百萬幅影像的資料庫，據稱有半數美國成年人都被拍下照片收入其中。[65]而在中國，身分證資料庫提供了取得數十億張臉孔的簡便管道，當局早就在臉孔辨識上大舉投資。街道、地鐵和機場裝設了攝影機，從通緝犯到任意穿越馬路的人，當他們穿行於這個國家的城市，這些攝影機應當是什麼阿貓阿狗都找得出來[66]（甚至有人建議，市民在實體世界中的微罪小惡，像是亂丟垃圾，都要計入芝麻信用評分，從而招致我們在〈資料〉一章中揭露的所有相關懲罰）。

問題是：錯誤指認的情形隨著這堆臉孔數量不斷增加而急遽大增。演算法所搜尋的臉孔越多，找到兩張臉孔看起來相似的機會也越高。因此，一旦你試圖把同樣這些演算法用在更大規模的臉孔編目上，準確性便往下直墜。

這有點像是要我拿著身分證去比對十名陌生人，當我全部答對時，便聲稱我有能力百分之百正確地指認臉孔，然後讓我進紐約市中心到處亂晃，去指認登記有案的罪犯。我的準確性無可避免會往下掉。

這和演算法的情形完全相同。二〇一五年，華盛頓大學設計了所謂的 MegaFace 挑戰賽，來自世界各地的人們受邀以一百萬張臉孔的資料庫測試他們的辨識演算法。[67]這仍比某些政府主管當局掌握的編目小了很多，但已經比較接近了。即使如此，這些演算法並未成功應對這項挑戰。Google 的 FaceNet——在名人臉孔上曾近乎完美——突然只能做到百分之七十五*的鑑識率。[68]撰寫本書期間，全世界最強的是中國貢獻的「騰訊優圖實驗室」（Tencent YouTu Lab），可以做到百分之八十三點二九辨識率。[69]

換個方式來說吧，如果你正在數以百萬計的數位化列隊指認中搜尋一名特定罪犯，根據上述數字，**最佳狀況**是你六次才有一次會找對人。

好吧，我應該補充一些這個領域目前正在快速發生的進展。準確率正穩定增加，而且沒有人能肯定地說未來幾年或幾個月內會發生什麼事。但我可以告訴你，光線、姿勢、影像品質和整體外觀上的差異，使得準確且可靠的臉部辨識真的變成一項非常複雜的問題。我們要在四億一千一百萬張臉孔的資料庫上取得完美的準確性，或是能夠找到那一兆分之一的分身配對，還有一段路要走。

取得平衡

這些事實令人警惕，但不必然一切歸零。有些演算法好到可以在某些情況下使用。例如在加拿大安大略，賭博上癮的人可以自願讓自己名列禁入賭場的黑名單。如果他們的決心動搖，他們的臉孔會被辨識演算法標示起來，召來賭場員工，有禮地要求他們離開。[70]對於所有被誤認而無法在輪盤賭桌上度過歡樂夜晚的那些人來說，這個系統當然不公正，但如果這意味著協助一個正在復原的賭博上癮者，抗拒走回老路的誘惑，我會贊同這是值得付出的代價。

零售業也一樣。店內保全以往會在辦公室裡貼上扒手的照片；現在你一通過商店閘門，演算法就可以拿你的臉和登記有案的竊賊資料庫做交叉比對。如果你的臉和已知罪犯的臉相符，警報會發到當班警衛的智慧型手機上，接著他會到各通道上把你找出來。

商店有想運用這類科技的好理由。據估計，光在英國，每年就有三百六十萬名零售店刑案犯人，造成零售業者六點六億英鎊的驚人損失。[71]當你考量到美國在二〇一六年有九十一名扒竊嫌

---

*原注：這個數字關係到演算法為了避免指認錯誤而調整時，錯失多少真正相符的臉孔。更多這方面的討論，關於演算法會犯的錯誤類型請見〈司法〉一章，關於衡量準確性的不同方式請見〈醫療〉一章。

犯死於零售場所暴力[72]，有人主張在情勢升高之前採取辦法阻止慣犯進入商店，對所有人都好。

但這種針對扒竊的高科技解決辦法伴隨著一些缺點：其中之一是隱私問題（FaceFirst 是這種保全軟體的領導廠商之一，他們聲稱不會儲存尋常顧客的影像，但店家當然會運用臉部辨識追蹤我們的購物習慣）。接著是最後有誰名列數位黑名單的問題。你怎麼知道，名單上的每一個人之所以列在那上頭的理由都是正確的？還沒被證明有罪的無辜者會怎麼樣呢？不小心錯列在名單上的人會怎麼樣？他們要怎麼讓自己除名？加上可能被永遠不可能完全準確的演算法錯誤指認。

問題在於好處是否多於壞處。這個問題不容易回答，連零售業者都沒有一致意見。有些業者熱切想要採用這套科技，其他業者與之保持距離——包括沃爾瑪（Walmart），在 FaceFirst 無法提供該公司期望的投資報酬之後，他們取消在店內試用 FaceFirst。[73]

但就犯罪問題而言，傷害與好處的平衡，感覺起來明確得多。真的，統計基礎稍有動搖的，不只是這些演算法。指紋鑑定並無已知的錯誤率[74]，咬痕分析、血跡噴濺型態[75]或彈道學[76]也沒有。事實上，根據美國國家科學院（US National Academy of Sciences）二〇〇九年的一篇論文，除了DNA檢測，沒有任何鑑識科學技術可以「證明證據與特定個人或來源之間的關聯性」。[77]話雖如此，沒有人能否認，這些技術都已經證明是極有價值的警方工具——只要別太依賴它們產生的證據就行。但即使是最複雜的臉部辨識演算法，其準確率仍有很大的改進空間。有人主張，如果有製造出更多像塔利這類案例的風險，即使只有一點點，那麼，不完善的科技就不應該被用來為剝奪人們的自由助陣。這種主張唯一的問題是：塔利這類故事所描繪的，並非真正的全貌。因為儘管運用臉部辨識來抓罪犯有很大的缺點，但也有非常大的優點。

複雜難解的取捨

二〇一五年五月，一名男子跑遍曼哈頓街道，拿一把黑色羊角錘隨機攻擊路人。首先，他跑向帝國大廈附近的一群人，敲破一名二十歲男子的後腦。六個小時後，他往南來到聯合廣場，用同一把錘子攻擊一名安靜坐在公園板凳上的女子頭部側面。才幾分鐘後，他再度出現，這次的目標是一名沿著公園外圍街道散步的三十三歲女子。[78]臉部辨識演算法利用攻擊事件的監視錄影，得以指認他是大衛・巴瑞爾（David Baril），這名男子在攻擊的幾個月前曾在 Instagram 上貼過鐵槌滴血照片。[79]對於攻擊事件所犯罪狀，他表示認罪，被判二十二年徒刑。

陳年舊案也因為臉部辨識技術突破而重啟。二〇一四年，演算法將一名十五年來一直以假名過著逃亡生涯的美國男子送上法庭。尼爾・史丹莫（Neil Stammer）在兒童性侵與綁架案交保期間潛逃；他再度被捕，是因為他的聯邦調查局「通緝」海報被拿去和護照資料庫核對時，發現和一個尼泊爾人相符，但護照上的照片所記載的名字不一樣。[80]

在八人死於倫敦橋恐怖攻擊事件的二〇一七年夏天之後，我可以理解一套運用這種演算法的系統可能發揮多大的助益。約瑟夫・扎格巴（Youssef Zaghba）是開著廂型車衝向行人，然後在鄰近的波羅市場（Borough Market）瘋狂刺殺的三名男子之一。他在義大利的恐怖主義嫌犯觀察名單上，入境前原本可以被臉部辨識演算法自動指認出來。

但在隱私與保護、公平和安全之間，你決定要怎麼取捨？我們願意接受以多少個塔利，來交換快速指認巴瑞爾和扎格巴這樣的人？

看一下紐約警察局所提供的統計數字。根據二〇一五年的報告，成功指認一千七百名嫌犯並因而發動九百次逮捕行動，雖然有五個人比對錯誤。[81]儘管給這五個人帶來麻煩，但問題還是一樣：那是可以接受的比例嗎？那是我們為了減少犯罪而願意付出的代價嗎？

事實證明，沒有缺點的演算法是例外而非常則，如本章開頭討論過的羅斯莫地緣剖繪。說到對抗犯罪，不管轉向哪一條路線，你都將發現，演算法在某一方面似乎會成果斐然，另一方面卻可能令人深感憂慮。預測警政系統、預感實驗室、重要目標名單和臉部辨識——全都承諾會幫我們解決所有的問題，也全都一路上製造出新的問題。

在我看來，對於演算法監管（algorithmic regulation）的迫切需求，沒有像犯罪問題領域這般呼聲響亮或明確，正是這些系統的存在引發了不易解答的嚴重問題。我們終究必須面對這些棘手的兩難。我們明知奪走業主對其演算法的掌控權可能意味著效率降低（且犯罪率上升），仍應堅持只接受我們能夠理解或看到內容的演算法嗎？任何帶有內在偏差或犯錯可能性已獲證明的數學系統，我們都要加以摒棄，明知這麼做是讓演算法去面對比我們所承繼的人類系統更高的標準？怎麼樣的偏差才算太過偏差？你在什麼情況下，會把可預防之犯罪的受害者，擺在比演算法受害者更優先的地位？

從某方面來說，這是要確定我們這個社會認為怎麼樣才算成功。我們的優先順位是什麼？是讓犯罪率盡可能低嗎？或者，保住清白無辜者的自由比其他一切都重要？你會為了其一而犧牲其二到什麼程度？

麻省理工學院社會學教授蓋瑞・馬克斯（Gary Marx）接受《衛報》訪問時，把這個兩難表達得很好：「當蘇聯的極權、威權控制最惡劣之時，他們的街頭犯罪少到異乎尋常。但，天啊，是以什麼為代價呢？」[82]

到頭來，我們很有可能會認定，演算法的應用範圍應當有所限制，有些事情不應被分析、計算。這很可能會是一種情感，其影響所及終將超乎犯罪問題領域之外。或許不是因為演算法本身缺乏努力，而是因為——只是也許——有一些事情超乎冷漠機器的視野之外。

／藝術

賈斯汀正在反省。二〇一八年二月四日，在田納西州孟斐斯家中客廳，他坐著觀賞超級盃比賽，吃著M&M's巧克力。當週稍早，他慶祝了自己的三十七歲生日，而此刻——已經成為一項年度傳統——他正憂心忡忡想著自己的人生成了什麼樣子。

他知道自己應該要感恩，真的。他過著舒服到不能再舒服的生活，穩定的朝九晚五辦公室工作，有片遮風避雨的屋頂和愛他的家人。但他總還想要更多。長大後，他一直相信自己命中注定要名利雙收。

那他到頭來是怎麼變成這麼……平凡？「都是那個男子樂團，」他默默想著。他在十四歲加入的那個團。「如果我們當初紅了，一切都會不一樣。」但不管是什麼原因，那個團失敗了。成功從未真的降臨在又窮又老的賈斯汀．提姆布萊克（Justin Timberlake）身上。

意氣消沉的他，打開另一罐啤酒，想像著原本可能會有的光景。螢幕上，超級盃的廣告時間結束，中場表演大秀的音樂開始了。而在平行宇宙裡——和這個宇宙幾乎完全相同，只除了一個小細節——另一個來自孟斐斯的三十七歲歌手賈斯汀站在舞台上。

多重世界

為什麼真實的賈斯汀這麼成功？為什麼另一個賈斯汀失敗了？有些人（包括十四歲時的我自己）*可能會據理力爭，流行樂巨星賈斯汀的成功是理所當然的：他天生有才、他長得好看、他舞跳得好、他的音樂有藝術價值，讓名氣擋也擋不住。但其他人可能不同意。或許他們會主張，賈斯汀沒什麼特別突出之處，其他受到粉絲大軍崇拜的流行樂超級巨星也一樣。能歌善舞有天分的人並不難找——巨星們只是運氣好罷了。

當然，沒有辦法知道到底是不是。除非打造一系列完全相同的平行世界，把賈斯汀放進每一個世界裡，觀察所有化身的演變，看看他是否每次都能成功。不幸的是，人造多重宇宙的創造超乎我們大多數人的能耐，但如果你不要把目光放在賈斯汀這種大人物身上，轉而考慮一些比較不出名的音樂家，還是有可能探討運氣和才能之於暢銷唱片熱賣的相關意義。

這正是當初馬修·沙加尼克（Matthew Salganik）、彼得·多茲（Peter Dodds）和鄧肯·瓦茨（Duncan Watts）在二〇〇六年設計一系列數位世界，進行一項著名實驗背後的想法。[1]科學家打造他們自己的線上樂手，就像非常簡陋的 Spotify，把經過篩選的訪客放進八個彼此平行的音樂網站，每一個網站都完全一樣地放進四十八首由尚未被發掘的藝術家所創作的相同歌曲。

在名為「音樂實驗室」（Music Lab）的網站上[2]，總共有一萬四千三百四十一名粉絲受邀登入樂手網頁，聽每一首曲目的各種剪接版本、給歌曲評比，並下載他們最喜歡的音樂。

如同真正的 Spotify，這裡的訪客可以一瞥其他人在他們的「世界」裡聽什麼音樂。除了藝術家的名字和曲名，受試者還看到他們那個世界裡的歌曲已經被下載多少次的持續更新統計。所有的計次器都從零開始，然後經過一段時間，隨著數字變化，八個平行統計圖表各自最受歡迎的歌曲逐漸明朗。

在此同時，為了對這些歌曲「真正的」熱門度做某種的自然測度（natural measure），研究團隊也打造一個條件控制下的對照世界，裡頭的訪客所做的選擇不會受他人影響。在那兒，歌曲以隨機順序出現在網頁上——或是以網格式、或是以條列式——但下載統計被擋住看不到。

結果非常有趣。所有的世界都一致同意有些歌擺明就是廢，有些歌則是顯眼的贏家：這些歌最後在每個世界都受到歡迎，連訪客看不到下載次數的那個也是。但保證火紅和絕對爆雷之間，藝術家可能有各種不同程度的成功體驗。

就拿密爾瓦基的龐克樂團 52Metro 來說，他們的歌曲〈鎖定〉（Lockdown）在其中一個世界

---

*原注：話說回來，十四歲的我也是 PJ and Duncan 的鐵粉，所以，她懂什麼呢？

爆紅，成功攻頂排行榜，但在另一個世界卻完全爆掉，在四十八首曲目中排名四十。完全相同的歌，面對完全相同的其他歌曲，在這個特定世界裡，52Metro 就是紅不起來。[3]成功，有時是關乎運氣。

雖然攻頂之路並非鐵板一塊，但研究人員發現，當訪客知道某些歌別人也喜歡，他們去下載的可能性會高出許多。如果一首普普的歌因為運氣而早早登上榜首，其熱門度可能會形成滾雪球之勢。更多的下載次數帶動更多人去下載。感覺上的熱門成了真實的熱門，所以最後的成功只是隨時間而放大的隨機。

有一個理由可以解釋這些結果。這是心理學家稱之為**社會認同**（social proof）的一種現象。每當得到的資訊不足以讓我們自己做出決定時，我們習於複製身邊那些人的行為。這就是為什麼電影院有時會在觀眾當中安插一些人，在正確的時機鼓掌喝采。我們一聽到其他人鼓掌，很有可能會加入。說到挑選音樂，我們喜歡聽的歌不一定和其他人相同，但熱門度是一種確保自己不會失望的快速方法。「人們面對的選擇太多，」沙加尼克當時告訴「生活科學」網站（Live Science）：「因為你沒辦法全部都聽，最省事的做法自然是聽其他人正在聽的。」[4]

在所有形式的娛樂活動中，我們都把熱門度當成品質的代表物在用。舉例來說，二〇〇七年有一項研究，審視了《紐約時報》暢銷書排行榜對於一本書的公眾知名度有何影響。該項研究作者艾倫・索倫森（Alan Sorensen）藉由探討排行榜編製方式的特異慣例，尋找那些原本應該依其實際銷售上榜，卻因時間延誤及意外疏忽而未上榜的書籍銷售成功的軌跡，並與那些真正上榜的書籍進行比較。他發現一個戲劇化的效應：光是上榜就讓銷售平均增加百分之十三至百分之十四，第一次出書的作家則增加百分之五十七的銷售。

我們運用越多平台來看有哪些東西熱門——暢銷書排行榜、亞馬遜排名、爛番茄（Rotten Tomatoes）評分、Spotify 排行榜——社會認同所造成的影響就會越大。當拋給我們的選項數以百萬計，加上行銷手段、知名度、媒體炒作和評論讚賞全都在爭取你的注目，效應更進一步放大。

這一切都意味著，有時可怕的音樂也能登頂。這不是只有我在憤世嫉俗。一九九〇年代，英國有兩位充分了解此一事實的音樂製作人，謠傳他們打賭誰能把爛到不可能再爛的歌曲弄上排行榜。據說，這場賭局的結果是一個叫做Vanilla的女子樂團，她們初登場的歌〈No way no way, mah na mah na〉，是以著名的布偶電視節目歌曲改編而成。這個樂團的演出成果只能寬容地描述為是在唱歌沒錯，一件看起來像是用微軟小畫家做出來的藝術作品，一段大有助於拿下歷來最糟表演獎的行銷影片。[5]但 Vanilla 有強大的盟友。由於幾家雜誌的專題報導，以及上ＢＢＣ的電視節目《流行金榜》（*Top of the Pops*）亮相，這首歌還是成功登上排行榜第十四名。＊

老實說，這個樂團的成功很短命。到了她們的第二支單曲，熱門程度已經開始衰退。她們從未發表第三支單曲。這一切的確像是在暗示，社會認同並非唯一有作用的因素——真的就像音樂實驗室團隊的後續實驗所證明的。

他們第二項研究的設計大致和第一次相同。但這次為了測試從熱門度的感受變成自證預言（self-fulfilling prophecy）†到何種程度，研究人員增加了一項轉折。每個世界的排行榜一有機會穩定下來，他們就暫停實驗，把排行榜上下翻轉過來。樂手網頁的新來訪客看到排行榜榜首列在底下，而墊底的輸家一副登頂菁英的樣子。

訪客的下載總次數幾乎是立刻往下掉。一旦排頭的音樂缺乏吸引力，人們對整個網站的音樂都興趣缺缺。此時居排行榜頂端的冷門歌曲下載衰退最為顯著。另一方面，在底下發愁的好歌表現比在榜頂時要差，但還是比先前落居榜尾的那些歌要好。如果科學家讓實驗進行得夠久，最佳歌曲會恢復熱門度。結論是：市場不受特定狀態所限。運氣和品質都發揮了作用。[6]

回到現實——只有一個世界的資料量可做為依據——對於音樂實驗室的實驗發現，有一個直截了當的解讀。品質重要，而且與熱門度並不相同。最佳歌曲恢復熱門度，證明有些音樂先天就是「比較好」。在光譜這端，魅力迷人的藝術家所表演的動人歌曲，應當是（至少在理論上是）注定成功。其中的蹊蹺是：反之不必然成立。不是只因為某樣物事成功，就代表它有高品質。

你到底怎麼定義品質，那完全是另一回事，我們待會兒再來談。但對某些人來說，品質本身不一定重要。如果你是唱片公司、電影製片或出版社，棘手的問題在於：你能不能事先找出保證會成功的東西？演算法能不能發掘出當紅炸子雞？

獵尋當紅炸子雞

投資電影是一門有風險的生意。賺錢的電影很少，大多數勉強打平，慘賠是這個圈子的常態。[7]這是一門輸贏很大的生意：當製作一部電影的成本衝上以千萬、以億計，產品需求預測失敗的代價，會是災難等級的高昂。

這是迪士尼從二〇一二年上映的電影《異星戰場：強卡特戰記》（*John Carter*）艱苦學到的教訓。製片廠投入三點五億美元製作這部電影，認定這部片應該和《玩具總動員》（*Toy Story*）、

*原注：可惜本書的格式不適於節錄音樂，因為我真的希望讓你們聽聽這首歌爛到多好笑。你們會去 Google 一下對吧？

†譯注：又稱「自我應驗預言」或「自我實現預言」，美國社會學家羅伯特．金．莫頓（Robert King Merton）提出的一種社會心理學現象，指人們先入為主的判斷將或多或少影響人們的行為，亦即我們會在不經意間使自己的預言成為現實。

《海底總動員》（*Finding Nemo*）之類並駕齊驅，成為他們下一部搖錢大作。沒看過嗎？我也沒有。這部電影沒能抓住大眾的想像力，一口氣賠了兩億美元，導致迪士尼製片廠負責人請辭。[8]

好萊塢要人一直都能接受一件事：就是沒辦法準確預測電影能否賣座成功。這是本能主宰一切的國度。在那些票房可能慘賠的電影上賭一把，正是這項工作的一環。一九七八年，美國電影協會主席兼執行長傑克．瓦倫蒂（Jack Valenti）說道：「沒有人能告訴你一部電影在市場上會怎麼樣。沒有人能，直到這部影片在關燈後的戲院裡開演、光點在銀幕與觀眾之間飛騰。」[9]五年後的一九八三年，《公主新娘》（*The Princess Bride*）和《虎豹小霸王》（*Butch Cassidy and the Sundance Kid*）幕後劇作家威廉．高德曼（William Goldman）說得更簡潔：「不管是啥都沒人知道。」[10]

然而，正如我們在本書通篇所見，現代演算法能如例行公事般預測乍看不可預測之事。為什麼電影就該與眾不同？你可以測量電影的成功，以收入、以影評接受度來衡量。你可以測量與電影結構和情節有關的各種因素：主演卡司、類型、預算、片長、情節安排等等。所以，何不應用同樣這些科技，試著找到寶物？揭露哪些影片注定票房大賣？

這已經成了近年來眾多科學研究的野心所向，企圖深入網路電影資料庫（Internet Movie Database, IMDb）或爛番茄這類網站所蒐集、挑選的龐大豐富資訊。而且——或許並不讓人意外——有許多令人感興趣的洞見隱藏在這些資料裡。

以二〇一三年由薩密特・斯里尼瓦森（Sameet Sreenivasan）所進行的研究來說吧。[11]他了解到，藉由要求用戶給影片標記情節關鍵字，IMDb 創造出驚人詳細的描述詞目錄，可以顯示出我們的電影品味隨時間有何種演進。在他進行研究期間，IMDb 的目錄裡已有超過兩百萬部影片，橫跨超過一個世紀，每一部都有多重情節標記。有些關鍵字是對電影的高階描述，像是「組織犯罪」或「父子關係」；有些則與地點相關，像是「紐約市曼哈頓」；或是關於具體的情節重點，像是「用槍指著」或「綁在椅子上」。

這些關鍵字本身顯示，我們對某些情節元素的興趣往往會突然激增；想想二戰影片或處理墮胎主題的電影。突然間，類似主題很快就會接連有大量作品發表，然後平靜一陣子。把這些標記放在一起考量，讓斯里尼瓦森能夠給每一部電影上映當時的新鮮感打分數——一個介於0到1之間的數字——可以和票房成績做個對比。

如果特定的情節重點或關鍵——像是女性裸露或組織犯罪——在之前的電影中經常見到，關鍵字會讓這部電影在新鮮感方面拿到低分。但任何原創的情節特色——比方說，像是一九七〇年代動作片引進的東方武術——會在這項特色第一次出現於銀幕時拿到新鮮感高分。

結果證明，我們和新鮮感之間有一種複雜的關係。平均來說，一部電影的新鮮感得分越高，票房的表現就越好。但只能好到某個程度。越過那道新鮮感門檻，有一道懸崖在等著；任何得分超過零點八的影片，賺到的票房收入會如落崖直墜般急遽大減。斯里尼瓦森的研究證明了社會科學家長久以來所懷疑的：平庸令我們不喜，但完全陌生也讓我們生厭。最佳影片就落在「新」和「不太新」之間窄窄的最佳平衡區內。

新鮮感分數或許是一個有用的方法，可協助製片廠避免幫大爛片背書，但如果你想知道個別影片命運如何，幫助就不大了。對此，歐洲一組研究人員的工作成果可能比較有用。他們發現，在電影上映前那一個月，該影片在維基百科條目頁面上的編輯次數，和最後的票房斬獲有某種關聯性。[12]條目編輯往往是與電影上映沒有關係的人所為——純粹是典型的電影迷給該頁面增加資訊而已。編輯次數越多，意味著伴隨電影上映的興奮情緒越高昂，進而使得票房收入越好。

整體而言，他們的研究模型略有預測能力：研究的三百一十二部影片中，他們以百分之七十以上的準確率，正確預測其中七十部影片的票房收入。但一部影片表現越好，以及維基百科頁面上所做的編輯次數越多，可供研究小組做為依據的資料就越多，而他們所做的預測會越精準。對於六部高獲利影片票房斬獲的正確預測，達到百分之九十九的準確率。

這些研究有知性上的趣味，但如果一個模型只在影片上映前一個月有效，對於投資者沒有太大用處。何不轉而正面處理問題，採計在此過程初期已經知道的所有因素——類型、領銜演員的名氣、年齡分級（輔導級、十二歲以上等等）——並運用機器學習演算法，來預測一部影片是否會熱賣？

有一項從二〇〇五年開始的研究就是這麼做，運用類神經網路，嘗試在戲院上映之前很久便預測影片的表現。[13]為了讓事情盡可能簡化，研究論文的作者排除對精確預測收入的嘗試，改為試著將電影分為九種類別，從全面慘賠到破表熱賣。不幸的是，即使有了這道簡化問題的步驟，成果仍有很大的改進空間。類神經網路的表現優於以前嘗試過的任何統計技巧，但對電影表現的分類仍然只做到平均百分之三十六點九的正確性。收入超過兩億美元的頂級類別好一點，以百分之四十七點三的正確率，辨識出那些真正破表熱賣的影片。但投資者很謹慎。演算法挑選為注定熱賣的影片，大約有百分之十最後賺不到兩千萬美元——照好萊塢的標準，這是個令人一掬同情淚的數字。

之後其他研究嘗試過要改進這些預測，但還沒有一個做出效果顯著的躍進。所有證據都指向同一個方向；除非你有早期觀眾反應的資料，熱門度大致上是不可預測的。說到要從成堆影片中挑出賣座片，高德曼說得對：不管是啥都沒人知道。

品質量化

所以說，熱門度的預測很複雜。要從我們大家都喜歡，拆解出我們為什麼喜歡，並非易事。這給創意領域的演算法提出一個滿大的問題。因為若無法運用熱門度告訴自己什麼是「好的」，那麼你又如何能對品質進行測量呢？

這一點很重要：如果我們希望演算法具有任何一種內在於藝術之中的自主性——無論是創作新作品，或是對我們自己創作的藝術提出有意義的洞見——我們都會需要對品質做某種測量來做為依據。必須有一種客觀方法為演算法指出正確的方向，一種可以回溯的「正確答案」，就像是「這簇細胞是癌性」或「被告繼續犯罪」在藝術上的類比。沒有這東西，要進步便困難重重。如果我們沒辦法定義我們所謂的「好」，就沒辦法設計出譜寫或尋找「好」歌的演算法。

不幸的是，試圖找出品質的客觀衡量標準時，我們遇上一個遠溯至柏拉圖且深具爭議性的哲學問題。一個已經爭論超過兩千年的主題：你如何判斷藝術的美學價值？

有些哲學家如萊布尼茲主張，如果有可以讓我們全都一致同意為美的對象，比方說米開朗基羅的大衛雕像或莫札特的《落淚之日》（*Lacrimosa dies illa*），那就應該有某種可定義、可衡量的美之本質，使得某一件藝術品在客觀上較另一件為佳。

但另一方面，所有人都一致同意是相當罕見的。有些哲學家如休姆（David Hume）則主張，美在於觀者之眼（俗稱「情人眼裡出西施」）。舉例來說，想想安迪．沃荷，他的作品帶給某些人強而有力的美感體驗，其他人則覺得，就藝術而言，與一個湯罐頭不分軒輊。

還有些哲學家——康德也名列其中——曾說過，真理介於這兩者之間。我們對美的判斷不全屬主觀，也不可能全然客觀。這些判斷同時是感官的、情緒的且知性的——而且最重要的是，可以視觀者心態而隨時間改變。

此一觀念當然有證據支持。班克西的粉絲或許還記得二〇一三年他是怎麼在紐約中央公園設攤位，匿名販售原創黑白噴畫，每件六十美元。攤位夾在其他販售常見觀光紀念品的成排攤位中間，這個標價牌一定讓那些路過的人覺得很貴。過了幾個小時，才有人決定要買。這天的收入總計四百二十美元。[14]一年之後，在倫敦一場拍賣會上，另一位買家認為，這同一件藝術作品的美學價值高到足以誘使他們花上六萬八千英鎊（當時約十一萬五千美元左右），就買一幅畫。[15]

不可否認，並非每個人都喜歡班克西（《黑鏡》創作者查理．布魯克〔Charlie Brooker〕曾說他是「一個呆頭，〔他的〕作品在白痴看來是聰明到讓人眼花啦」）。[16]你或許會主張這個故事只證明班克西的作品並無內在的品質，只是靠著通俗炒作（及社會認同），才催出那些高到讓人噴淚的價格。但在無可否認的高品質藝術形式方面，也已經看出我們美學判斷的反覆無常。

我最喜歡的例子是《華盛頓郵報》在二〇〇七年所進行的一項實驗。[17]該報向國際知名小提琴家約夏・貝爾（Joshua Bell）提出請求，在他門票售罄的各音樂廳表演行程之外加開一場音樂會。貝爾帶上他的三百五十萬美元史特拉底瓦里小提琴，在早上的尖峰時間來到華盛頓特區一處地鐵站的電扶梯頂，放了一頂帽子在地上收賞錢，表演了四十三分鐘。正如《華盛頓郵報》所言，這是「全世界最頂尖的古典音樂家之一，以歷來所製作最有價值的其中一把小提琴，演奏幾首歷來所譜寫最優雅的音樂」。結果呢？有七個人停下來聽了一會兒，超過一千多人直接走了過去。到他表演結束時，貝爾的帽子裡收到少得可憐的三十二美元十七美分。

我們所認為的「好」，也在改變。某些古典樂類型的品味對時代的變遷適應得異常良好，但同樣的說法無法套用在其他藝術形式上。倫敦帝國學院演化生物學教授阿曼德・萊洛（Armand Leroi）研究過流行樂的演化，從分析中找到我們品味改變的清楚證據。「人們對於枯燥乏味有一個先天的門檻。當人們需要新事物時，就會有一種緊張關係逐漸形成。」[18]

以一九八〇年代後期風靡流行樂界的鼓機和合成器為例——風靡到排行榜上的音樂多樣性急遽減少。「每一首聽起來都像早期的瑪丹娜，或是杜蘭杜蘭的某些作品，」萊洛說明道：「所以，或許你會說：『很好，我們已經達到流行樂的顛峰了。這就是顛峰所在，終極的格式已經找到了。』」只不過，當然囉，這個格式還沒找到。不久之後，隨著嘻哈音樂的到來，排行榜的音樂多樣性再次爆發。引發轉變的嘻哈有什麼特殊之處嗎？我問萊洛。「我不這麼認為。也有可能是別的什麼，只不過正好是嘻哈。美國消費者對此有所回應並說道：『哦，這可是新花樣，再多給我們一些吧。』」

重點在於：即使有某種客觀判準使得某件藝術作品優於另一件，只要脈絡淵源在我們對藝術的美學欣賞中仍扮演某種角色，就不可能創造出用之於所有時代、所有地域皆成立的美學品質確實標準。無論你施展了何種統計學技巧，或是人工智慧手法，或是機器學習演算法，試圖用數字來掌握卓越藝術的本質，那就像是用你的手去抓煙霧一般。

但演算法需要**某種東西**才能進行。所以，一旦你剔除了熱門度和內在品質，剩下來唯一能夠量化的東西是：與以往曾出現事物之相似性的度量標準。

利用對相似性的衡量，還是有很多可為之處。說到推薦引擎（recommendation engine），像是Netflix和Spotify建立的那些，相似性理當是理想的衡量標準。兩家公司都有辦法協助用戶找出新的影片或歌曲，而且做為訂閱服務供應商，兩家都有準確預測用戶喜好的誘因。他們不能以現在流行什麼做為他們演算法的依據，否則用戶會遭到小賈斯汀和《電影版粉紅豬小妹》（*Peppa Pig The Movie*）的推薦訊息疲勞轟炸。他們也不能以品質的任何一種代表物為依據，像是評論文章之類，因為如果他們這麼做，首頁會被學院派無聊到令人打瞌睡的討論給淹沒。這種時候所有人想做的，其實是在上了漫長的一天班之後，踢掉他們的鞋子，用一部驚悚爛片麻痺自己，或是盯著加拿大演員雷恩・葛斯林（Ryan Gosling）看上兩個小時。

相較之下，相似性讓演算法直截了當將焦點對準個人的喜好。他們都聽些什麼、他們都看些什麼、他們一次又一次回來找什麼？從這裡出發，你可以利用 IMDb、維基百科、音樂部落格或雜誌文章，抽出與每一首歌、每一個藝術家或每一部電影有關的一系列關鍵字。這樣做出整套的編目，接下來的步驟很簡單，就是尋找並推薦其他有相似標記的歌曲和影片。此外，你還可以找出其他喜歡類似電影和歌曲的用戶，看看他們還喜歡哪些歌曲和影片，然後推薦給你的用戶。

Spotify 或 Netflix 從來沒打算提供完美的歌曲或影片，他們對完美沒什麼興趣。Spotify Discover 並未承諾找出地球上那唯一一組、注定與你的品味和心情完全無瑕契合的樂團。推薦演算法只提供好到保證不會令你失望的歌曲和影片，提供你一種無害的方式來消磨時間。偶爾會提出你絕對喜歡的東西，但這有點像是那種意義下的冷讀法（cold reading）*。你只需要偶爾來一顆好球，感受一下發現新音樂的幸運，這些引擎並不需要永遠都對。

相似性在推薦引擎上的運作非常完美。但當你要求演算法創作藝術，卻沒有提供純屬品質的衡量標準，事情開始變得有趣起來。如果演算法對於藝術唯一的理解就是以往有過什麼，那麼它還能有創意嗎？

「傑出的藝術家模仿，偉大的藝術家盜竊」——畢卡索

一九九七年十月，一群聽眾來到奧勒岡大學，被帶去參加一場相當不尋常的音樂會。前方的舞台上擺著孤伶伶的一架鋼琴。接著，鋼琴家溫妮芙瑞．柯娜（Winifred Kerner）在琴鍵前就定位，準備演奏三首不同的短曲。

一首是巴洛克大師巴哈所寫、比較沒那麼有名的鍵盤曲。第二首是該大學音樂教授史帝夫．拉爾森（Steve Larson）依巴哈風格所譜寫。第三首是由刻意設計成模仿巴哈風格的演算法所譜寫的作品。

聽過三段表演之後，聽眾被要求猜猜哪首是何人所寫。令拉爾森沮喪的是，大多數人票選他那一首作品是由電腦所譜寫。而令聽眾嚇到集體倒抽一口氣卻又被逗樂的是，他們被告知，票選為巴哈本尊的樂曲不是別的，正是那首機器作品。

拉爾森不開心。那次實驗之後不久，他在接受《紐約時報》訪問時說：「我對〔巴哈〕音樂

---

*譯注：占卜師或靈媒未事先蒐集相關資訊，而是現場從解讀對象的肢體動作、衣著、髮型或交談內容等線索做出猜測。

的仰慕既深且大。人們會被電腦程式欺騙，令我非常困惑。」

不快的不單是他一人。電腦作曲背後那套出色演算法的設計人大衛・柯普（David Cope），以前就看過這種反應。「之前我〔第一次〕和一些人玩這種我所說的『遊戲』，」他告訴我：「他們弄錯時非常生氣。他們氣我氣到抓狂，只因為我帶起了這整個概念。因為創意被認為是人類的志業。」[19]

這當然是侯世達（Douglas Richard Hofstadter，另一中文名為侯道仁）的看法，這位認知科學家暨作家打從一開始就理出了這個概念。早些年，在他一九七九年那本獲頒普立茲獎的著作《哥德爾、艾舍爾、巴赫》（*Gödel, Escher, Bach*）中，已經在這件事情上採取堅定的立場：

> 音樂是一種情緒語言，而程式在擁有和我們一樣複雜的情緒之前，沒有辦法寫出任何美麗的東西……認為我們或許能命令一個預先寫好程式的「音樂盒」，弄出巴哈或有可能譜寫的作品，是對人類精神深度一種古怪且可恥的錯估。[20]

但聽過柯普演算法的成果——所謂的「音樂智慧實驗」（Experiments in Musical Intelligence, EMI）——之後，侯世達承認，或許事情不是那麼直白易解。「我覺得自己被ＥＭＩ弄得既挫折又困惑，」他在奧勒岡大學實驗之後幾天坦承：「此刻我唯一能得到的安慰，是知道ＥＭＩ並未做出自己的曲風。它靠的是模仿先前的作曲家。但這樣還是不怎麼覺得寬慰。令我徹底受到重創的是，〔或許〕音樂遠不如我曾以為的那般。」[21]

所以是哪一種？美學的出色表現是人類志業的專屬保留地？或是演算法能夠創造藝術？而如果聽眾無法分辨ＥＭＩ和大師的音樂，這部機器是否已經證明具有真正創意的能力？

讓我們試著依序處理這些問題，先從最後一個開始。為了形成有知識水平的見解，應該稍微暫停一下，先了解演算法是如何運作。*柯普夠大方，幫我解釋了一些東西。

打造這種演算法的第一步，是把巴哈的音樂轉譯成可以被機器理解的東西：「你必須把代表單一音符的五樣東西放進資料庫：起始時間、音長、音高、響度和樂器種類。」巴哈原曲目裡的每一個音符，柯普都必須辛辛苦苦親手把這五個數輸入電腦。巴哈光聖詠就有三百七十一首，有許多和聲、數萬音符，每個音符有五個數。這需要柯普極其龐大的努力：「有好幾個月，我每天做的便是把數字打進去。不過我這個人別的沒有，就是有強迫症。」

---

*原注：我也非常推薦上網去聽一些柯普的音樂。我想，韋瓦第風格的交響樂作品是我的最愛：https://www.youtube.com/watch?v=2kuY3BrmTfQ。

柯普的分析是從這裡取出巴哈音樂的每一個拍子，一一檢視接下來會出現什麼。巴哈聖詠所演奏的每一個音符後面緊接著是哪個音符，柯普都做了紀錄。他把這一切一起儲存在一種辭典裡——演算法如果在這個音符銀行裡查詢單一和弦，能找到一份鉅細靡遺的清單，包含巴哈的羽毛筆曾差遣後續樂音前往的所有不同位置。

就這個意義而言，EMI有點類似你在智慧型手機上找得到的文本預測（predictive text）演算法。手機根據你以前寫過的句子，做成一部關於你下一個可能用字的辭典，在你書寫時提出做為建議。*

最後的步驟是放手讓機器去做。柯普會以起始和弦給系統播種，然後指示演算法在辭典裡查詢這個和弦，從清單中隨機挑選新的和弦，以決定接下來要演奏什麼。接著，演算法一再重複這個過程——在辭典中查詢每一個後續和弦，以選擇接下來要演奏的音符。結果就是一首完全原創、聽起來像巴哈本人所作的曲子。†

說不定那**就是**巴哈本人所作。不管怎麼樣，這是柯普的看法。「這些和弦全都是巴哈創作的。這就像用起司刨刀把帕馬森起司刨成絲，然後設法再把它兜攏回來。事實證明這依然是帕馬森起司。」

不管最後誰說得對，有一件事是無庸置疑的。無論EMI音樂聽起來多美妙，它純粹是依據既有作品重組而成。它是模仿巴哈音樂中所發現的模式，而不是真的自己譜出任何音樂。

晚近一點已經設計出其他的演算法，能製作比純粹重組更進一步、帶給我們美學愉悅的音樂。其中一種特別成功的做法是基因演算法（genetic algorithm）——另一種型態的機器學習，嘗試利用自然選擇（natural selection）的運作法。畢竟，如果孔雀可以當作參考的話，演化對於創造美麗是略知一二的。

這個想法很簡單。在這些演算法裡，音符被當成音樂的ＤＮＡ來看待。一切都始於最初的一群「歌曲」——每一首都有如拿隨機混雜的音符編製而成。經過許多代之後，從這些歌曲繁殖出演算法，尋找音樂內在的「美妙」特質並以之回報，隨時間演進而繁殖出越來「越好」的樂曲。我說「美妙」和「越好」，但——當然囉——我們已經知道，沒有方法可以確定這兩個詞的意思

*原注：你可以用文本預測來「撰寫」某種有自己風格的文本。只要打開新的筆記檔，用幾個給演算法填充種子的字幫你起個頭，像是「我出生」。接著只要照著螢幕上跳出來的字打進去。底下是我的文本（如假包換）。一開始還不錯，快結束時變得有點壓力：「（我出生）就是好人而且我很開心和你們這麼多人在一起我知道你們沒有在收我的電子郵件而且我沒有時間做那個。」

†原注：柯普也發現，有必要在演算法進行的同時，持續追蹤其他眾多的衡量標準，例如已證明為巴哈風作品所不可缺的樂句和曲子長度。

為何。不只音樂，演算法也可以創造詩和繪畫，但——還是一樣——它所須依循的唯一衡量標準，是和以前曾出現事物的相似度。

有時候，你需要的只是這樣。如果你正在尋找聽起來像鄉村歌曲的背景音樂，要放在你的網站上或 YouTube 影片中，你不會在意它和以前的最佳鄉村歌曲很像。真的，你只是想要避免侵權又不用自己譜曲。而如果那就是你在找的，有很多公司可以提供協助。英國的新創公司 Jukebox 和 AI Music，已經運用有音樂創作能力的演算法提供這類服務。那種音樂有些可以派上用場，有些算是有點原創，有些甚至可以說是美妙。這些演算法無疑是厲害的模仿者，只是不算很好的創新者。

這不是要說這些演算法的壞話，人類製作的音樂大部分也沒有特別創新。如果你去問萊洛這位研究流行樂文化演化的演化生物學家，他會說我們對人類發明能力的看法有點太模糊不清。他指出，連排行榜上的傑出成就都可能是機器製造出來的。舉個例子，下面是他對菲董（Pharrell Williams）〈Happy〉這首歌的看法（這讓我知道他不是菲董的粉）：

> 「開心、開心、開心，我好開心。」我的意思是，真是的！這句歌詞用了差不多五個詞。這幾乎是你所能找到最像機器人的歌，這種歌所要逢迎投合的，只不過是人類對令人振奮的夏

日開心音樂最卑下的欲望。最愚蠢、最簡化但不難聽的歌。而如果水準就是這樣——那，不怎麼難嘛。*

萊洛也不怎麼看得起愛黛兒（Adele）的作詞才能：「如果你對其中隨便一首歌做分析，會發現那裡頭沒有悲歌產生器（sad song generator）做不出來的情緒。」

底下這個說法你可能不贊同（我就不確定自己會贊同），但一定有人會主張人類的創意——就像「作曲」演算法的產物——只是既存觀念的全新組合。如馬克．吐溫所言：

> 沒有新觀念這種東西。不可能。我們只是取眾多舊觀念，把它們放進某種心智萬花筒裡，讓它們轉一轉，就製造出嶄新又引人好奇的組合。我們繼續轉，繼續無限期地製造出新組合；但這些組合還是從古至今一直在用、同樣那些舊的色玻璃片。[22]

另一方面，柯普對於創意有一個非常簡單的定義，將演算法所作所為輕輕鬆鬆地含括其中：

*譯注：〈Happy〉這首歌裡並無與此處所引完全相同的歌詞。

「創意就是找出兩樣原本看似不相關的事物彼此間的連結。」

或許吧。但我忍不住覺得，如果EMI及這類演算法**真的是**在展現創意，那也是一種相當微弱的形式。它們的音樂或許美妙，但並非高妙。我很努力地試了，還是沒辦法稍減這種感受：把這些機器的成果輸出看成是藝術，帶給我們一個文化上甚為貧瘠的世界觀。或許，這是文化性的慰藉食物，但不是真正的藝術。

在本章的研究過程中，我越來越了解，我對於讓演算法來創作藝術的不適感，源自一個不相干的問題。真正的課題並非機器能不能有創意。它們能。真正的課題在於究其源頭，什麼才算是藝術？

我是個數學家，我可以帶著十足的信心接受偽陽性的事實，以及準確度和統計學的絕對真理。但在藝術領域，我比較想跟著托爾斯泰走。我和他一樣，認為真正的藝術是關於人與人之間的連結、關於情感的溝通。如托爾斯泰所言：「藝術不是手工藝品，而是傳達藝術家所體驗到的感受。」[23]如果你同意托爾斯泰的主張，那就有了機器何以無法產出真正藝術的理由。侯世達遇上EMI之前多年，曾出色地表述了一個理由：

一個可以生產音樂的「程式」……必須親身漫遊世界、在生命的迷陣中奮戰前行，並感受其中的每一刻。它必須理解夜風刺骨的歡快與寂寥、對撫慰之手的渴望、遠方城鎮的遙不可及、人之死亡的心碎與新生。它必須知曉認命與厭世、悲痛與絕望、決心與勝利、虔誠與敬畏。它必須混融這種種對立，如希望與恐懼、悲苦與歡欣、沉穩冷靜與提心吊膽。必不可少的，是一定要有優雅、幽默和韻律，出乎預期之感——當然還要對嶄新創意的神奇有細膩的覺知。在這其中，也唯有在這其中，存在著音樂的意義之源。[24]

我很有可能是錯的。或許，要是演算式藝術披上正宗人類創意的外衣——如EMI——我們還是會予以評價，並賦予我們自己的意義。畢竟，大量製造的流行樂漫長歷史似乎暗示著，人類可以對不過就是貌似真實的關係產生情緒反應。而或許，一旦這些演算式藝術作品變得更普及，我們也更清楚這些藝術並非來自人類，便不會受這種單向式關係所困擾。到頭來，人們還是與那些不會對他們報之以愛的物體建立起情感關係——就像孩提時當成寶貝的泰迪熊或寵物蜘蛛。

對我來說，真正的藝術不能是碰巧創造出來。演算法所及範圍有其界線，可被量化的物事有其極限。資料和統計學所能告訴我種種驚世駭俗的事物中，生而為人有何感受，並不包括在內。

結語

拉希娜・伊布拉馨（Rahinah Ibrahim）是一名建築師，她有四個孩子、住在海外的丈夫、當地醫院的志願工作，以及正在攻讀的史丹佛博士學位。彷彿嫌生活不夠忙似的，她才剛又進行了緊急子宮切除手術，而且——雖然到我撰寫本書時已經好了很多——還在努力不靠藥物、不靠輔助地站久一點。儘管如此，當三十八屆系統科學國際研討會（International Conference on System Sciences）在二〇〇五年一月召開，她訂了飛往夏威夷的機票，安排要親自向她的學術同儕發表她最新的論文。[1]

二〇〇五年一月二日早上，伊布拉馨帶著女兒抵達舊金山機場，第一件事就是走向櫃檯，交出她的文件，並詢問工作人員可否協助她尋求輪椅輔助。他們並沒有幫忙。她的名字出現在電腦螢幕上，列入聯邦禁飛名單——九一一之後所建立的資料庫，用來防堵可疑恐怖分子來往各地。

伊布拉馨十幾歲的女兒一個人留在桌旁發愁，打電話給一位家庭友人，說他們給她母親上了手銬帶走了。在此同時，伊布拉馨被帶上警車後座，載往警局。他們搜查她頭巾底下、不准她服藥，並把她鎖在拘留室裡。兩小時後，一名國土安全部幹員帶著文件來放人，並告訴她已從名單上剔除。伊布拉馨設法趕上她的夏威夷研討會，然後繼續飛往祖國馬來西亞探訪家人。

伊布拉馨是因聯邦調查局幹員對錯表單格子而被放上禁飛名單。或許這個錯誤是因為混淆了犯下二〇〇二年峇里島爆炸案而惡名昭彰的恐怖組織 Jemaah Islamiyah（伊斯蘭祈禱團）與馬來西亞海外留學專業人士組織 Jemaah Islam。伊布拉馨是後者的成員，從未與前者有任何關聯。這是個簡單的錯誤，卻是後果誇張的錯誤。這種錯誤一旦進入自動化系統，就罩上了權威的光環，幾乎是不受異議。舊金山的遭遇並未給這個故事畫上句點。

兩個月後，當伊布拉馨踏上回程，從馬來西亞飛回美國的家，再次在機場被擋了下來。這次，救援來得沒那麼快。她的護照因為被懷疑與恐怖主義有關而遭作廢。雖然她是美國公民的母親，她在舊金山有個家，並在國內最負盛名的大學之一有其地位，卻未獲准返回美國。最後，花了將近十年，打贏恢復名譽的官司。在這將近十年期間，她被禁止踏上美國土地。全都是因為一個人為的錯誤，以及一部具有全能權威的機器。

人類加上機器

沒人懷疑自動化給我們生活的一切帶來深遠的正面影響。我們至今所打造的種種演算法，誇耀著長長一串引人注目卻也令人困惑的成就。它們可以幫助我們診斷乳癌、逮捕連續殺人犯且避免飛機失事；讓我們每個人都能透過我們的指尖，自由且輕易地取得完整的人類知識寶藏；並以一種我們的祖先唯有夢中方能實現的方式，與全球各地的人們連結。但當我們迫切於自動化、當我們急著解決世界上的許多議題，似乎是解決了一個問題，又引發另一個問題。演算法——雖然有用且引人注目——留給我們一團亂麻有待拆解。

你不管往哪邊看——司法體系、醫療保健、警方辦案，甚至是線上購物——都有隱私、偏見、錯誤、責任歸屬與透明度的問題，無法輕易化解。正是透過這些演算法的存在，我們面對的公正性課題直指核心：生而為人的我們是什麼樣的人、我們希望我們的社會是什麼樣貌，以及面對即將到來的、不帶感情的科技威權，我們能抗衡到什麼地步。

但說不定問題就在這裡。或許，把演算法想成是某種威權，恰恰是我們錯誤之所在。

一方面，我們對演算法的權力怠於質疑，已經幫那些想從我們身上榨取利益的人開了大門。在本書的研究過程中，我已經見識過各式各樣打算撥弄各種迷思、利用我們容易受騙而從中獲利的江湖郎中。儘管有分量十足的科學證據反對，還是有人把各種演算法推銷給警方和政府，聲稱單憑某人的臉部特徵，就可「預測」他是不是恐怖分子或戀童癖。有些人則堅稱他們的演算法能夠針對劇本中某一句台詞提出修改建議，使電影在票房上更有利可圖。*還有些人大膽表示——而且全無譏諷之意——他們的演算法能夠幫你找到真愛。†

但即使演算法做到所宣稱之事，卻往往濫用其權威。關於演算法能夠造成何種傷害的故事，在本書中處處可見。「預算工具」被用來任意刪減對愛達荷州殘障居民的財政協助。由於歷史資料之故，累犯演算法對黑人被告提出偏高風險評分的可能性比較大。腎臟損傷偵測系統迫使數百萬人未經其同意或知情，便交出他們最個人、最隱私的資料。超市演算法奪走一名青少女把自己懷孕之事告訴父親的機會。「重要目標名單」本意是要協助槍械犯罪受害者，卻被警方用來當作熱點名單。不公正的例證俯拾即是。

然而，指出演算法的缺陷，風險在於暗示著有一個我們要追求的完美替代選項。我認真地想了很久，也努力要找出完全公正的演算法，即使只有一個也行。連那些表面上看起來不錯的——像是飛機自動駕駛或診斷癌症的類神經網路——都有問題深藏其中。就像你在〈車輛〉一章中讀到的，自動駕駛會讓那些自動化模式下訓練出來的人，在坐進方向盤或操縱桿後面時處於嚴重不利的境地。甚至有人擔心，我們在〈醫療〉一章中所見、看似不可思議的腫瘤搜尋演算法，並非對所有種族群體都有效。但當兩者都**不**採納演算法，完美的公平、正義系統例證可不怎麼充分啊。無論你往哪邊看、無論你檢視哪一個領域，任何一個系統都行，如果挖得夠深，都會發現有某種的偏差。

所以，想像一下：要是我們接受並無完美存在，會怎麼樣呢？演算法**會**犯錯，演算法**會**不公正。這應該一點都不會減損我們盡己所能使演算法更加準確、偏差更少的努力——但承認演算法並不完美、一點都不比人類更完美，或許正好具有打消任何演算法威權之說的效果。

想像一下，我們不要一心只想將演算法設計成堅持某種不可能的完美公正性標準，而是將演算法設計成在不免出錯時會進行矯正救濟；想像我們同樣投入這麼多的時間和力氣，以確保對自

---

*原注：我真的和這家公司的執行長見面訪談過。我問他到底有沒有驗證過他的演算法，看看是否真的做到所宣稱之事，他開始大談類神經網路分析曾讓一位好萊塢大咖巨星被踢出某系列電影。當我指出，這個證據所證明的是人們信任他的演算法，而非該演算法有效，他說：「這個嘛，我們現在又不是在做學術討論。」

†原注：你有一種技巧可用來找出垃圾演算法，我喜歡稱之為魔法測試（Magic Test）。每當你聽到一則關於演算法的故事，就試試能否把「機器學習」、「人工智慧」和「類神經網路」這類時髦術語換成「魔法」一詞。這樣一來，文法上都還能說得通嗎？有沒有任何涵義不見了？如果沒有，我就會擔心有東西聞起來滿像狗屎的。因為恐怕極盡可預見的未來，我們「用魔法來解決全球飢餓問題」或「用魔法來撰寫完美劇本」，都不會比我們現在靠AI所做的更好。

動化系統的挑戰一如自動化系統的執行那般簡單。或許，答案在於將演算法打造成從頭到尾都可爭論。想像我們把演算法設計成輔佐人類的決定，而不是加以指導。演算法為何做出某項決定的理由要公開透明，而不是只告知我們結果。

依我的看法，最好的演算法是每個階段都將人類納入考量，是認知到我們習於過度信賴機器的輸出結果，同時也樂於接納它們自己的缺陷，並旗幟鮮明地自豪於容忍它們的不確定性。

這是ＩＢＭ那部在《危險邊緣》節目中獲勝的機器「華生」最好的特性之一。雖然益智節目的型態意味著必須保證只有一個答案，演算法還是呈現出過程中考慮過的一系列替代選項，並附上一個分數，顯示它對每一個答案的正確性有多大的信心。如果累犯評分的似然性（likelihood）包含了類似的東西，法官或許會覺得比較容易對演算法所給的資訊提出質疑。又如果臉部辨識演算法提供許多可能的配對，而非僅僅瞄準單一臉孔，或許指認錯誤這件事比較不會引發爭議。

乳癌玻片篩檢成效良好的類神經網路有相同的特性。該演算法並未獨斷哪些病患有腫瘤，而是將一大片的細胞縮減成幾個可疑區域，讓病理醫師去檢查。演算法從不疲倦，病理醫師很少誤診。演算法和人類以夥伴關係一起合作，善用彼此的強項，包容彼此的缺點。

還有其他的例子——包括本書一開始提到的棋藝界。輸給「深藍」之後，卡斯帕洛夫從未因此而排斥電腦。恰恰相反，他成了「半人馬棋賽」（Centaur Chess）這個想法的重要推手：一名人類棋手和一套演算法聯手，與另一支混合隊伍比賽。演算法評估每一手棋的可能後果，降低失手的機率，但依然由人類主導賽局。

卡斯帕洛夫是這麼說的：「有電腦處理這些事情，我們就能專心在策略規畫上，不必耗時進行繁複的計算。在這種情況下，人類的創造力並沒有減低，反而更為重要。」[2]其結果是下出較諸歷來所見都更高水準的棋。戰術完美的棋法，與美妙、富有深意的戰略，對兩個世界而言都是極致。

這是我所期盼的未來。在這個未來，充斥於本書字裡行間的那種傲慢、獨斷的演算法，成了過往雲煙。在這個未來，我們不再視機器為不帶感情的主宰，而開始待之如我們對待其他的力量之源那般。質疑其決定，審視其動機，認可我們的情緒，要求知道誰會受益，要它們為其錯誤負起責任，並且避免變得自滿而不知改進。我認為，在未來，要讓演算法的整體淨效益成為社會的正面力量，這是關鍵所在。而一點也沒錯，這份工作恰恰落在我們肩上。因為，有一件事是確定的：在演算法的時代，人類從未如此刻這般重要。

謝辭

在我的想像中，有些人覺得寫作很簡單。那種人，你知道的——日出前跳下床，午餐前已經寫完一章，晚餐忘了下來吃，因為他們與自己源源不絕的創意如此地融為一體，根本不知今夕是何夕。

我一定不是那種人。

走完此一歷程所需要的，是每天與我個性中只想坐在沙發上吃洋芋片、看Netflix的那一面作戰，與我本以為完成博士論文時已拋諸腦後、情感爆發的憂慮恐慌打一場全力以赴的戰爭。我寫這本書倒也不至於真的寫到嘔心瀝血、又踢又叫，雖然有時真是那樣啦。

所以，我越發感謝這群一路上願意拉我一把的傑出人士。過去這一年來，我的夢幻出版團隊如此慷慨地付出他們的時間與點子：Susanna Wadeson、Quynh Do、Claire Conrad、Emma Parry、Gillian Somerscales、Emma Burton、Sophie Christopher、Hannah Bright、Caroline Saine，以及Janklow and Nesbit、Transworld 和 Norton 各出版社一直在幕後幫忙的所有人。同樣感謝 Sue Rider、Kat Bee 和 Tom Copson。沒有你們，我不知何去何從。

還要大大感謝接受我採訪的人，書中引用其中一些人的話，但所有人都幫忙形塑了本書的種種想法：Jonathan Rowson、Nigel Harvey、Adam Benforado、Giles Newell、Richard Berk、Sheena Urwin、Steyve Colgan、Mandeep Dhami、Adrian Weller、Toby Davies、Rob Jenkins、Jon Kanevsky、Timandra Harkness、Dan Popple 及 West Midlands 警方團隊、Andy Beck、Jack Stilgoe、Caroline Rance、Paul Newman、Phyllis Illarmi、Armand Leoni、David Cope、Ed Finn、Kate Devlin、Shelia Hayman、Tom Chatwin、Carl Gombrich、Johnny Ryan、Jon Crowcroft 和 Frank Kelly。

還有 Network Typing 的 Sue Webb 和 Debbie Enright，以及 Sharon Richardson、Shruthi Rao 和 Will Storr，他們的協助對於本書成型具有難以衡量的價值。此外，每當我好不容易有些東西快要可以寫下來，James Fulker、Elisabeth Adlington、Brendan Maginnis、Ian Hunter、Omar Miranda、Adam Dennett、Michael Veale、Jocelyn Bailey、Cat Black、Tracy Fry、Adam Rutherford 和 Thomas Oléron Evans，全都幫我找出那些最大的漏洞，然後把這些漏洞打到舉白旗投降。而 Geoff Dahl 不僅在這整個過程中提供精神支持，也給封面設計提供了非常巧妙的點子。

非常感謝我的同行給我的評論：Elizabeth Cleverdon、Bethany Davies、Ben Dickson、Mike

Downes、Charlie and Laura Galan、Katie Heath、Mia Kazi-Fornari、Fatah Ioualitene、Siobhan Mathers、Mabel Smaller、Ali Seyhun Saral、Jennifer Shelley、Edward Steele、Daniel Vesma、Jass Ubhi。

我對我的家人也有難以想像的感恩，因為他們從不動搖的支持與堅如磐石的忠誠。Phil、Tracy、Natalie、Marge & Parge、Omar、Mike和Tania——你們對我的耐性往往超乎我所應得（不過別把這話太當真，因為我大概還會再寫另一本書，需要你們再次幫我，好嗎？）。

最後一個感謝，但絕非最不想感謝的，是Edith。坦白說，妳什麼忙都沒幫，但我不要別的，就要妳這樣。

照片出處

頁33：'Car–dog', reproduced by permission of Danilo Vasconcellos Vargas, Kyushu University, Fukuoka, Japan.

頁128：'Gorilla in chest', reproduced by permission of Trafton Drew, University of Utah, Salt Lake City, USA.

頁216：'Steve Talley images' © Steve Talley (left) and FBI.

頁219：'Neil Douglas and doppelgänger', reproduced by permission of Neil Douglas.

頁224：'Tortoiseshell glasses', reproduced by permission of Mahmood Sharif, Carnegie Mellon University, Pittsburgh, USA; 'Milla Jovovich at the Cannes Film Festival' by Georges Biard.

注釋

關於書名的一個註解

1. Brian W. Kernighan and Dennis M. Ritchie. *The C Programming Language* (Upper Saddle River, NJ: Prentice-Hall, 1978).

導論

1. Robert A. Caro, *The Power Broker: Robert Moses and the Fall of New York* (London: Bodley Head, 2015), p. 318.
2. 關於這個觀念，有幾篇絕佳論文很值得一讀。第一篇是 Langdon Winner, 'Do artifacts have politics?', *Daedalus*, vol. 109, no. 1, 1980, pp. 121–36, https://www.jstor.org/stable/20024652，文中包括摩斯的橋梁這個例子。還有一篇比較現代的版本：Kate Crawford, 'Can an algorithm be agonistic? Ten scenes from life in calculated publics', *Science, Technology and Human Values*, vol. 41, no. 1, 2016, pp. 77–92。
3. *Scunthorpe Evening Telegraph*, 9 April 1996.
4. Chukwuemeka Afigbo (@nke_ise) 在推特上貼了一段關於這東西實際效果的短片。
5. 在CNN的訪問中，祖克柏說：「我真的抱歉發生這種事」，*YouTube*, 21 March 2018, https://www.youtube.

com/watch?v=G6DOhioBfyY。

權力

1. 出自與棋弈大師強納森・勞森（Jonathan Rowson）的私人談話。
2. Feng-Hsiung Hsu（許峰雄）, 'IBM's Deep Blue Chess grandmaster chips', *IEEE Micro*, vol. 19, no. 2, 1999, pp. 70–81, http://ieeexplore.ieee.org/document/755469/.
3. Garry Kasparov, *Deep Thinking: Where Machine Intelligence Ends and Human Creativity Begins* (London: Hodder & Stoughton, 2017).
4. TheGoodKnight, 'Deep Blue vs Garry Kasparov Game 2 (1997 Match)', *YouTube*, 18 Oct. 2012, https://www.youtube.com/watch?v=3Bd1Q2rOmok&t=2290s.
5. 同前註。
6. Steven Levy, 'Big Blue's Hand of God', *Newsweek*, 18 May 1997, http://www.newsweek.com/big-blues-hand-god-173076.
7. Kasparov, *Deep Thinking*, p. 187.
8. 同前註，p. 191。
9. 引自《韋氏辭典》。《牛津英語辭典》的定義比較著重於演算法的數學性：「計算或其他解題操作，尤其是電腦，所依循的一個過程或一組規則」。
10. 你可以有很多不同的方式給演算法做分組，我也毫不懷疑有些電腦科學家會抱怨這份清單太簡化。的確，更詳盡的清單還會包括其他幾種分類標籤：舉幾個例子，如映射（mapping）、約簡（reduction）、迴歸（regression）和分群（clustering）。但我最後選了這組分類方式——出自 Nicholas Diakopoulos, *Algorithmic*

Accountability Reporting: On the Investigation of Black Boxes (New York: Tow Center for Digital Journalism, Columbia University, 2014)——因其涵蓋了大部分的基本分類，並提供一種好用的方法，讓廣大、複雜的研究領域易於了解及掌握要點。

11. Kerbobotat, 'Went to buy a baseball bat on Amazon, they have some interesting suggestions for accessories', *Reddit*, 28 Sept. 2013, https://www.reddit.com/r/funny/comments/1nb16l/went_to_buy_a_baseball_bat_on_amazon_they_have/.

12. Sarah Perez, 'Uber debuts a "smarter" UberPool in Manhattan', *TechCrunch*, 22 May 2017, https://techcrunch.com/2017/05/22/uber-debuts-a-smarter-uberpool-in-manhattan/.

13. 我是刻意用「理論上」一詞，現實可能有點不一樣。有些演算法多年來已有數以百計、甚至數以千計的開發者參與打造，每一個都在流程中加入他們自己的步驟。隨著編碼行數增加，系統的複雜度隨之增加，直到其邏輯執行緒變成像一盤糾纏成坨的義大利麵。最後，演算法變得不可能循線釐清，對任何一個人類而言都太過複雜而無法理解。

二〇一三年，豐田汽車依法院命令支付三百萬美元，賠償該公司車輛涉入的一場死亡車禍。那輛車加速失控，但駕駛當時是把她的腳踩在煞車而非油門上。一名專家證人告訴陪審團，該負責的是一項非故意的指令，深藏在糾結混亂的龐大軟體之中。參見 Phil Koopman, *A case study of Toyota unintended acceleration and software safety* (Pittsburgh: Carnegie Mellon University, 18 Sept. 2014), https://users.ece.cmu.edu/~koopman/pubs/koopman14_toyota_ua_slides.pdf。

14. 這個幻覺（此處的例子引自 https://commons.wikimedia.org/wiki/File:Vase_of_rubin.png）稱之為「魯賓花瓶圖」（Rubin's vase），以發展出這個觀念的艾德加・魯賓（Edgar Rubin）為名。這個例子是關於一種**模稜兩可**的影像——就在兩張彼此互看的投影臉孔與一支白色花瓶影像之間的分界處。照這種畫法，你在心裡滿容易切換於兩者之間，但只需要圖片上的幾條線，就能將它往某一邊推。也許是臉孔眼部的一條模糊輪廓，或是瓶頸處的陰影。

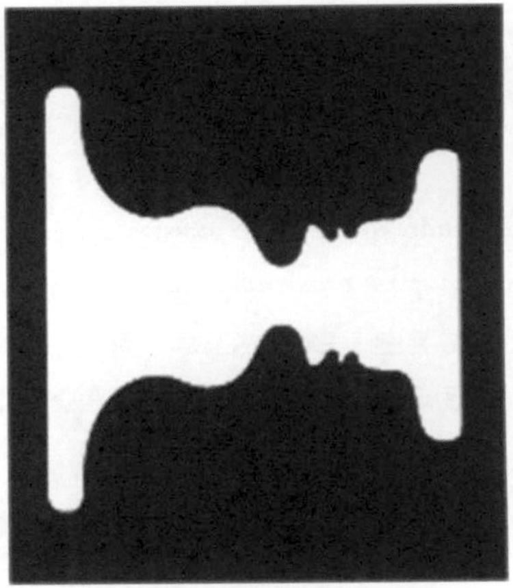

影像辨識的狗／車之例是類似的故事。研究小組找到一張照片，正好就在兩種不同分類的分界點上，並且用盡可能小的擾動，把機器眼中的影像從一種類別轉換成另一種類別。

15. Jiawei Su, Danilo Vasconcellos Vargas and Kouichi Sakurai, 'One pixel attack for fooling deep neural networks', *arXiv:1719.08864v4* [cs.LG], 22 Feb. 2018, https://arxiv.org/pdf/1710.08864.pdf.

16. Chris Brooke, '"I was only following satnav orders" is no defence: driver who ended up teetering on cliff edge convicted of careless driving', *Daily Mail*, 16 Sept. 2009, http://www.dailymail.co.uk/news/article-1213891/Driver-ended-teetering-cliff-edge-guilty-blindly-following-sat-nav-directions.html#ixzz59vihbQ2n.

17. 同前註。

18. Robert Epstein and Ronald E. Robertson, 'The search engine manipulation effect (SEME) and its possible impact on the outcomes of elections', *Proceedings of the National Academy of Sciences*, vol. 112, no. 33, 2015, pp. E4512–21, http://www.pnas.org/content/112/33/E4512.

19. David Shultz, 'Internet search engines may be influencing elections', *Science*, 7 Aug. 2015, http://www.sciencemag.org/news/2015/08/internet-search-engines-may-be-influencing-elections.

20. Epstein and Robertson, 'The search engine manipulation effect (SEME)'.

21. Linda J. Skitka, Kathleen Mosier and Mark D. Burdick, 'Accountability and automation bias', *International Journal of Human–Computer Studies*, vol. 52, 2000, pp. 701–17, http://lskitka.people.uic.edu/IJHCS2000.pdf.
22. KW v. Armstrong, US District Court, D. Idaho, 2 May 2012, https://scholar.google.co.uk/scholar_case?case=17062168494596747089&hl=en&as_sdt=2006.
23. Jay Stanley, *Pitfalls of Artificial Intelligence Decision making Highlighted in Idaho ACLU Case*, American Civil Liberties Union, 2 June 2017, https://www.aclu.org/blog/privacy-technology/pitfalls-artificial-intelligence-decisionmaking-highlighted-idaho-aclu-case.
24. 'K.W. v. Armstrong', *Leagle.com*, 24 March 2014, https://www.leagle.com/decision/infdco20140326c20.
25. 同前註。
26. ACLU Idaho staff, https://www.acluidaho.org/en/about/staff.
27. Stanley, *Pitfalls of Artificial Intelligence Decision-making*.
28. ACLU, *Ruling mandates important protections for due process rights of Idahoans with developmental disabilities*, 30 March 2016, https://www.aclu.org/news/federal-court-rules-against-idaho-department-health-and-welfare-medicaid-class-action.
29. Stanley, *Pitfalls of Artificial Intelligence Decision-making*.
30. 同前註。
31. 同前註。
32. 同前註。
33. 同前註。
34. Kristine Phillips, 'The former Soviet officer who trusted his gut – and averted a global nuclear catastrophe', *Washington*

Post, 18 Sept. 2017, https://www.washingtonpost.com/news/retropolis/wp/2017/09/18/the-former-soviet-officer-who-trusted-his-gut-and-averted-a-global-nuclear-catastrophe/?utm_term=.6546e0f06cce.

35. Pavel Aksenov, 'Stanislav Petrov: the man who may have saved the world', BBC News, 26 Sept. 2013, http://www.bbc.co.uk/news/world-europe-24280831.

36. 同前註。

37. Stephen Flanagan, *Re: Accident at Smiler Rollercoaster, Alton Towers, 2 June 2015: Expert's Report*, prepared at the request of the Health and Safety Executive, Oct. 2015, http://www.chiark.greenend.org.uk/~ijackson/2016/Expert%20witness%20report%20from%20Steven%20Flanagan.pdf.

38. Paul E. Meehl, *Clinical versus Statistical Prediction: A Theoretical Analysis and a Review of the Evidence* (Minneapolis: University of Minnesota, 1996; first publ. 1954), http://citeseerx.ist.psu.edu/viewdoc/download?doi=10.1.1.693.6031&rep=rep1&type=pdf.

39. William M. Grove, David H. Zald, Boyd S. Lebow, Beth E. Snitz and Chad Nelson, 'Clinical versus mechanical prediction: a meta-analysis', *Psychological Assessment*, vol. 12, no. 1, 2000, p. 19.

40. Berkeley J. Dietvorst, Joseph P. Simmons and Cade Massey. 'Algorithmic aversion: people erroneously avoid algorithms after seeing them err', *Journal of Experimental Psychology*, Sept. 2014, http://opim.wharton.upenn.edu/risk/library/WPAF201410-AlgorithmAversion-Dietvorst-Simmons-Massey.pdf.

資料

1. Nicholas Carlson, 'Well, these new Zuckerberg IMs won't help Facebook's privacy problems', *Business Insider*, 13 May 2010, http://www.businessinsider.com/well-these-new-zuckerberg-ims-wont-help-facebooks-privacy-problems-2010-

5?IR=T.

2. Clive Humby, Terry Hunt and Tim Phillips, *Scoring Points: How Tesco Continues to Win Customer Loyalty* (London: Kogan Page, 2008).

3. 同前註，Kindle edn, 1313–17。

4. 參見 Eric Schmidt, 'The creepy line', *YouTube*, 11 Feb. 2013, https://www.youtube.com/watch?v=o-rvER6YTss。

5. Charles Duhigg, 'How companies learn your secrets', *New York Times*, 16 Feb. 2012, https://www.nytimes.com/2012/02/19/magazine/shopping-habits.html.

6. 同前註。

7. Sarah Buhr, 'Palantir has raised $880 million at a $20 billion valuation', *TechCrunch*, 23 Dec. 2015.

8. Federal Trade Commission, *Data Brokers: A Call for Transparency and Accountability* (Washington DC, May 2014), https://www.ftc.gov/system/files/documents/reports/data-brokers-call-transparency-accountability-report-federal-trade-commission-may-2014/140527databrokerreport.pdf.

9. 同前註。

10. Wolfie Christl, *Corporate Surveillance in Everyday Life*, Cracked Labs, June 2017, http://crackedlabs.org/en/corporate-surveillance.

11. Heidi Waterhouse, 'The death of data: retention, rot, and risk', The Lead Developer, Austin, Texas, 2 March 2018, https://www.youtube.com/watch?v=mXvPChEo9iU.

12. Amit Datta, Michael Carl Tschantz and Anupam Datta, 'Automated experiments on ad privacy settings', *Proceedings on Privacy Enhancing Technologies*, no. 1, 2015, pp. 92–112.

13. Latanya Sweeney, 'Discrimination in online ad delivery', *Queue*, vol. 11, no. 3, 2013, p. 10, https://dl.acm.org/cita

tion.cfm?id=2460278.

14. Jon Brodkin, 'Senate votes to let ISPs sell your Web browsing history to advertisers', *Ars Technica*, 23 March 2017, https://arstechnica.com/tech-policy/2017/03/senate-votes-to-let-isps-sell-your-web-browsing-history-to-advertisers/.

15. Svea Eckert and Andreas Dewes, 'Dark data', DEFCON Conference 25, 20 Oct. 2017, https://www.youtube.com/watch?v=1nvYGi7-Lxo.

16. 研究人員這部分的研究依據的是 Arvind Narayanan and Vitaly Shmatikov, 'Robust de-anonymization of large sparse datasets'，發表於 IEEE Symposium on Security and Privacy, 18–22 May 2008 的論文。

17. Michal Kosinski, David Stillwell and Thore Graepel. 'Private traits and attributes are predictable from digital records of human behavior', vol. 110, no. 15, 2013, pp. 5802–5.

18. 同前註。

19. Wu Youyou, Michal Kosinski and David Stillwell, 'Computer-based personality judgments are more accurate than those made by humans', *Proceedings of the National Academy of Sciences*, vol. 112, no. 4, 2015, pp. 1036–40.

20. S. C. Matz, M. Kosinski, G. Nave and D. J. Stillwell, 'Psychological targeting as an effective approach to digital mass persuasion', *Proceedings of the National Academy of Sciences*, vol. 114, no. 48, 2017, 201710966.

21. Paul Lewis and Paul Hilder, 'Leaked: Cambridge Analytica's blueprint for Trump victory', *Guardian*, 23 March 2018.

22. 'Cambridge Analytica planted fake news', BBC, 20 March 2018, http://www.bbc.co.uk/news/av/world-43472347/cambridge-analytica-planted-fake-news.

23. Adam D. I. Kramer, Jamie E. Guillory and Jeffrey T. Hancock, 'Experimental evidence of massive-scale emotional contagion through social networks', *Proceedings of the National Academy of Sciences*, vol. 111, no. 24, 2014, pp. 8788–90.

24. Jamie Bartlett, 'Big data is watching you – and it wants your vote', *Spectator*, 24 March 2018.
25. Li Xiaoxiao, 'Ant Financial Subsidiary Starts Offering Individual Credit Scores', Caixin, 2 March 2015, https://www.caixinglobal.com/2015-03-02/101012655.html.
26. Rick Falkvinge, 'In China, your credit score is now affected by your political opinions – and your friends' political opinions', *Privacy News Online*, 3 Oct. 2015, https://www.privateinternetaccess.com/blog/2015/10/in-china-your-credit-score-is-now-affected-by-your-political-opinions-and-your-friends-political-opinions/.
27. *State Council Guiding Opinions Concerning Establishing and Perfecting Incentives for Promise-keeping and Joint Punishment Systems for Trust-breaking, and Accelerating the Construction of Social Sincerity*, China Copyright and Media, 30 May 2016, updated 18 Oct. 2016, https://chinacopyrightandmedia.wordpress.com/2016/05/30/state-council-guiding-opinions-concerning-establishing-and-perfecting-incentives-for-promise-keeping-and-joint-punishment-systems-for-trust-breaking-and-accelerating-the-construction-of-social-sincer/.
28. Rachel Botsman, *Who Can You Trust? How Technology Brought Us Together – and Why It Could Drive Us Apart* (London: Penguin, 2017), Kindle edn, p. 151.

司法

1. John-Paul Ford Rojas, 'London riots: Lidl water thief jailed for six months', *Telegraph*, 7 Jan. 2018, http://www.telegraph.co.uk/news/uknews/crime/8695988/London-riots-Lidl-water-thief-jailed-for-six-months.html.
2. Matthew Taylor, 'London riots: how a peaceful festival in Brixton turned into a looting free-for-all', *Guardian*, 8 Aug. 2011, https://www.theguardian.com/uk/2011/aug/08/london-riots-festival-brixton-looting.
3. Rojas, 'London riots'.

4. Josh Halliday, 'London riots: how BlackBerry Messenger played a key role', *Guardian*, 8 Aug. 2011, https://www.theguardian.com/media/2011/aug/08/london-riots-facebook-twitter-blackberry.
5. David Mills, 'Paul and Richard Johnson avoid prison over riots', *News Shopper*, 13 Jan. 2012, http://www.newsshopper.co.uk/londonriots/9471288.Father_and_son_avoid_prison_over_riots/.
6. 同前註。
7. Rojas, 'London riots'.「正常狀況下，警方不會因為這種罪名逮捕你。他們不會拘留你。他們不會把你送上法庭，」曼徹斯特大學刑事法與司法資深講師漢娜・寇克（Hannah Quirk）在二〇一五年撰文評論尼可拉斯・羅賓森一案。Carly Lightowlers and Hannah Quirk, 'The 2011 English "riots": prosecutorial zeal and judicial abandon', *British Journal of Criminology*, vol. 55, no. 1, 2015, pp. 65–85.
8. Mills, 'Paul and Richard Johnson avoid prison over riots'.
9. William Austin and Thomas A. Williams III, 'A survey of judges' responses to simulated legal cases: research note on sentencing disparity', *Journal of Criminal Law and Criminology*, vol. 68, no. 2, 1977, pp. 306–310.
10. Mandeep K. Dhami and Peter Ayton, 'Bailing and jailing the fast and frugal way', *Journal of Behavioral Decision-making*, vol. 14, no. 2, 2001, pp. 141–68, http://onlinelibrary.wiley.com/doi/10.1002/bdm.371/abstract.
11. 對於最佳處置方式的見解，多達半數法官是每個案件都不一樣。
12. 統計學家對於這種判斷一致性有一個測量方法，稱之為「柯恩卡帕係數」（Cohen's Kappa）。這個方法考慮到一項事實：即使你根本是亂猜，最後還是有可能碰巧前後一致。1分代表完全一致，0分代表你做得沒有比隨機好。法官的分數從0分到1分不等，平均是零點六九。
13. Diane Machin, 'Sentencing guidelines around the world'，準備於 Scottish Sentencing Council, May 2005 發表的論文，https://www.scottishsentencingcouncil.org.uk/media/1109/paper-31a-sentencing-guidelines-around-the-world.pdf。

14. 同前註。
15. 同前註。
16. Ernest W. Burgess, 'Factors determining success or failure on parole', in *The Workings of the Intermediate-sentence Law and Parole System in Illinois* (Springfield, IL: State Board of Parole, 1928). 這是一篇很難找到，很難讀懂的論文，所以這裡有伯吉斯的同事 Tibbitts 所寫的替代文章，是原作的追蹤研究：Clark Tibbitts, 'Success or failure on parole can be predicted: a study of the records of 3,000 youths paroled from the Illinois State Reformatory', *Journal of Criminal Law and Criminology*, vol. 22, no. 1, Spring 1931, https://scholarlycommons.law.northwestern.edu/cgi/viewcontent.cgi?article=2211&context=jclc。伯吉斯使用的其他分類為「害群之馬」、「意外犯罪者」、「蠢蛋」和「幫派分子」。「鄉下孩子」是他發現最不可能再犯的類別。
17. Karl F. Schuessler, 'Parole prediction: its history and status', *Journal of Criminal Law and Criminology*, vol. 45, no. 4, 1955, pp. 425–31, https://pdfs.semanticscholar.org/4cd2/31dd25321a0c14a9358a93ebccb6f15d3169.pdf.
18. 同前註。
19. Bernard E. Harcourt, *Against Prediction: Profiling, Policing, and Punishing in an Actuarial Age* (Chicago and London: University of Chicago Press, 2007), p. 1.
20. Philip Howard, Brian Francis, Keith Soothill and Les Humphreys, *OGRS 3: The Revised Offender Group Reconviction Scale*, Research Summary 7/09 (London: Ministry of Justice, 2009), https://core.ac.uk/download/pdf/1556521.pdf.
21. 這裡做一個小警告：這項統計很可能有某種選擇性偏差。「問問觀眾」通常是在遊戲一開始的幾個回合使用，那時的問題簡單得多。話雖如此，一群人的集體意見比任何個人的意見更準確，這觀念是個早有明文記載的現象。更多這方面的討論，參見 James Surowiecki, *The Wisdom of Crowds: Why the Many Are Smarter than the Few* (New York: Doubleday, 2004), p. 4。

22. Netflix Technology Blog, https://medium.com/netflix-techblog/netflix-recommendations-beyond-the-5-stars-part-2-d9b96aa399f5.

23. Shih-ho Cheng, 'Unboxing the random forest classifier: the threshold distributions', Airbnb Engineering and Data Science, https://medium.com/airbnb-engineering/unboxing-the-random-forest-classifier-the-threshold-distributions-22ea2bb58ea6.

24. Jon Kleinberg, Himabindu Lakkaraju, Jure Leskovec, Jens Ludwig and Sendhil Mullainathan, *Human Decisions and Machine Predictions*, NBER Working Paper no. 23180 (Cambridge, MA: National Bureau of Economic Research, Feb. 2017), http://www.nber.org/papers/w23180. 此一研究實際上是運用「梯度提升決策樹」（gradient boosted decision tree），一種與隨機森林類似的演算法。兩者都結合了眾多決策樹的預測以達致某一決定，但梯度提升法的樹是一棵接一棵種，隨機森林則是同時種。為了安排這項研究，先把資料集砍成兩半。一半用來訓練演算法，另一半擺在一邊。一旦演算法準備就緒，嘗試預測之前，先從未曾看過的那一半擷取案例（不先分割資料的話，你的演算法只是看起來很炫的表格罷了）。

25. 學術界耗費時間發展出統計技巧以精確處理此一課題，所以你還是可以在法官與演算法各自所做的預測之間做出有意義的比較。關於這方面的更多細節，參見 Kleinberg et al., *Human Decisions and Machine Predictions*。

26. 'Costs per place and costs per prisoner by individual prison', *National Offender Management Service Annual Report and Accounts 2015–16*, Management Information Addendum, Ministry of Justice information Release, 27 Oct. 2016, https://www.gov.uk/government/uploads/system/uploads/attachment_data/file/563326/costs-per-place-cost-per-prisoner-2015-16.pdf.

27. Marc Santora, 'City's annual cost per inmate is $168,000, study finds', *New York Times*, 23 Aug. 2013, http://www.

nytimes.com/2013/08/24/nyregion/citys-annual-cost-per-inmate-is-nearly-168000-study-says.html; Harvard University, 'Harvard at a glance', https://www.harvard.edu/about-harvard/harvard-glance.

28. Luke Dormehl, *The Formula: How Algorithms Solve All Our Problems . . . and Create More* (London: W. H. Allen, 2014), p. 123.

29. Julia Angwin, Jeff Larson, Surya Mattu and Lauren Kirchner, 'Machine bias', ProPublica, 23 May 2016, https://www.propublica.org/article/machine-bias-risk-assessments-in-criminal-sentencing.

30. 「風險評估」問卷，https://www.documentcloud.org/documents/2702103-Sample-Risk-Assessment-COMPAS-CORE.html。

31. Tim Brennan, William Dieterich and Beate Ehret (Northpointe Institute), 'Evaluating the predictive validity of the COMPAS risk and needs assessment system', *Criminal Justice and Behavior*, vol. 36, no. 1, 2009, pp. 21–40, http://www.northpointeinc.com/files/publications/Criminal-Justice-Behavior-COMPAS.pdf. 根據二〇一八年一項研究，COMPAS演算法的準確度和一群人類的「整合效果」差不多。研究人員證明，要求一群二十名沒有經驗的人個別對累犯可能性進行預測，得出和COMPAS系統相同的評分。這是一項有趣的比較，但應該記住的是，在真實的法庭上，法官並沒有素昧平生的一組人在後面的房間裡投票。他們要靠自己，而這是唯一真正算數的比較。參見Julia Dressel and Hany Farid, 'The accuracy, fairness, and limits of predicting recidivism', *Science Advances*, vol. 4, no. 1, 2018。

32. *Christopher Drew Brooks v. Commonwealth*, Court of Appeals of Virginia, Memorandum Opinion by Judge Rudolph Bumgardner III, 28 Jan. 2004, https://law.justia.com/cases/virginia/court-of-appeals-unpublished/2004/2540023.html.

33. 'ACLU brief challenges constitutionality of Virginia's sex offender risk assessment guidelines', American Civil Liberties

Union Virginia, 28 Oct. 2003, https://acluva.org/en/press-releases/aclu-brief-challenges-constitutionality-virginias-sex-offender-risk-assessment.

34. *State v. Loomis*, Supreme Court of Wisconsin,13 July 2016, http://caselaw.findlaw.com/wi-supreme-court/1742124.html.

35. 伯克之語引自私下通訊內容。

36. Angwin et al., 'Machine bias'.

37. *Global Study on Homicide 2013* (Vienna: United Nations Office on Drugs and Crime, 2014), http://www.unodc.org/documents/gsh/pdfs/2014_GLOBAL_HOMICIDE_BOOK_web.pdf.

38. ACLU, 'The war on marijuana in black and white', June 2013, www.aclu.org/files/assets/aclu-the waronmarijuana-ve12.pdf.

39. 令人驚訝的，或許是 Equivant 在這方面的立場得到威斯康辛州最高法院的支持。艾瑞克．盧米斯（Eric Loomis）被一名採用 COMPAS 風險評估工具的法官判刑入監六年，針對這項判決提出上訴。盧米斯控告威斯康辛州一案主張，採用有專利的閉源（closed-source）風險評估軟體來決定他的刑度，侵害了他的正當程序權利，因為被告無從對評分結果的科學有效性提出質疑。但威斯康辛州最高法院裁決，初審法院在判刑時採用演算法風險評估，並未侵害被告的正當程序權利：Supreme Court of Wisconsin, case no. 2015AP157-CR, opinion filed 13 July 2016, https://www.wicourts.gov/sc/opinion/DisplayDocument.pdf?content=pdf&seqNo=171690。

40. Lucy Ward, 'Why are there so few female maths professors in universities?', *Guardian*, 11 March 2013, https://www.theguardian.com/lifeandstyle/the-womens-blog-with-jane-martinson/2013/mar/11/women-maths-professors-uk-universities.

41. Sonja B. Starr and M. Marit Rehavi, *Racial Disparity in Federal Criminal Charging and Its Sentencing Consequences*, Program in Law and Economics Working Paper no. 12-002 (Ann Arbor: University of Michigan Law School, 7 May 2012), http://economics.ubc.ca/files/2013/05/pdf_paper_marit-rehavi-racial-disparity-federal-criminal.pdf.
42. David Arnold, Will Dobbie and Crystal S. Yang, *Racial Bias in Bail Decisions*, NBER Working Paper no. 23421 (Cambridge, MA: National Bureau of Economic Research, 2017), https://www.princeton.edu/~wdobbie/files/racialbias.pdf.
43. John J. Donohue III, *Capital Punishment in Connecticut, 1973–2007: A Comprehensive Evaluation from 4686 Murders to One Execution* (Stanford, CA, and Cambridge, MA: Stanford Law School and National Bureau of Economic Research, Oct. 2011), https://law.stanford.edu/wp-content/uploads/sites/default/files/publication/259986/doc/slspublic/fulltext.pdf.
44. Adam Benforado, *Unfair: The New Science of Criminal Injustice* (New York: Crown, 2015), p. 197.
45. Sonja B. Starr, *Estimating Gender Disparities in Federal Criminal Cases*, University of Michigan Law and Economics Research Paper no. 12-018 (Ann Arbor: University of Michigan Law School, 29 Aug. 2012), https://ssrn.com/abstract=2144002 or http://dx.doi.org/10.2139/ssrn.2144002.
46. David B. Mustard, 'Racial, ethnic, and gender disparities in sentencing: evidence from the US federal courts', *Journal of Law and Economics*, vol. 44, no. 2, April 2001, pp. 285–314, http://people.terry.uga.edu/mustard/sentencing.pdf.
47. Daniel Kahneman, *Thinking, Fast and Slow* (New York: Farrar, Straus & Giroux, 2011), p. 44.
48. Chris Guthrie, Jeffrey J. Rachlinski and Andrew J. Wistrich, *Blinking on the Bench: How Judges Decide Cases*, paper no. 917 (New York: Cornell University Law Faculty, 2007), http://scholarship.law.cornell.edu/facpub/917.
49. Kahneman, *Thinking, Fast and Slow*, p. 13.

50. 同前註，p. 415。
51. Dhami and Ayton, 'Bailing and jailing the fast and frugal way'.
52. Brian Wansink, Robert J. Kent and Stephen J. Hoch, 'An anchoring and adjustment model of purchase quantity decisions', *Journal of Marketing Research*, vol. 35, 1998, pp. 71–81, http://foodpsychology.cornell.edu/sites/default/files/unmanaged_files/Anchoring-JMR-1998.pdf.
53. Mollie Marti and Roselle Wissler, 'Be careful what you ask for: the effect of anchors on personal injury damages awards', *Journal of Experimental Psychology: Applied*, vol. 6, no. 2, 2000, pp. 91–103.
54. Birte Englich and Thomas Mussweiler, 'Sentencing under uncertainty: anchoring effects in the courtroom', *Journal of Applied Social Psychology*, vol. 31, no. 7, 2001, pp. 1535–51, http://onlinelibrary.wiley.com/doi/10.1111/j.1559-1816.2001.tb02687.x.
55. Birte Englich, Thomas Mussweiler and Fritz Strack, 'Playing dice with criminal sentences: the influence of irrelevant anchors on experts' judicial decision making', *Personality and Social Psychology Bulletin*, vol. 32, 2006, pp. 188–200, https://www.researchgate.net/publication/7389517_Playing_Dice_With_Criminal_Sentences_The_Influence_of_Irrelevant_Anchors_on_Experts%27_Judicial_Decision_Making?enrichId=rgreq-f2fedfeb71aa83f8fad80cc24df3254d-XXX&enrichSource=Y292ZXJQYWdlOzczODk1MTc7QVM6MTAzODIzNjIwMTgyMDIyQDE0MDE3NjQ4ODgzMTA%3D&el=1_x_3&_esc=publicationCoverPdf.
56. 同前註。
57. 同前註。
58. Mandeep K. Dhami, Ian K. Belton, Elizabeth Merrall, Andrew McGrath and Sheila Bird, 'Sentencing in doses: is individualized justice a myth?'，審閱中。該文作者在私下通訊中好心分享。

59. 同前註。

60. Adam N. Glynn and Maya Sen, 'Identifying judicial empathy: does having daughters cause judges to rule for women's issues?', *American Journal of Political Science*, vol. 59, no. 1, 2015, pp. 37–54, https://scholar.harvard.edu/files/msen/files/daughters.pdf.

61. Shai Danziger, Jonathan Levav and Liora Avnaim-Pesso, 'Extraneous factors in judicial decisions', *Proceedings of the National Academy of Sciences of the United States of America*, vol. 108, no. 17, 2011, pp. 6889–92, http://www.pnas.org/content/108/17/6889.

62. Keren Weinshall-Margel and John Shapard, 'Overlooked factors in the analysis of parole decisions', *Proceedings of the National Academy of Sciences of the United States of America*, vol. 108, no. 42, 2011, E833, http://www.pnas.org/content/108/42/E833.long.

63. Uri Simonsohn and Francesca Gino, 'Daily horizons: evidence of narrow bracketing in judgment from 9,000 MBA-admission interviews', *Psychological Science*, vol. 24, no. 2, 2013, pp. 219–24, https://ssrn.com/abstract=2070623.

64. Lawrence E. Williams and John A. Bargh, 'Experiencing physical warmth promotes interpersonal warmth', Science, vol. 322, no. 5901, pp. 606–607, https://www.ncbi.nlm.nih.gov/pmc/articles/PMC2737341/.

醫療

1. Richard M. Levenson, Elizabeth A. Krupinski, Victor M. Navarro and Edward A. Wasserman. 'Pigeons (*Columba livia*) as trainable observers of pathology and radiology breast cancer images', PLOSOne, 18 Nov. 2015, http://journals.plos.org/plosone/article?id=10.1371/journal.pone.0141357.

2. 'Hippocrates' daughter as a dragon kills a knight, in "The Travels of Sir John Mandeville"', *British Library Online Gal-*

lery, 26 March 2009, http://www.bl.uk/onlinegallery/onlineex/illmanus/harlmanucoll/h/011hrl000003954u00008v00.html.

3. Eleni Tsiompanou, 'Hippocrates: timeless still', JLL Bulletin: Commentaries on the History of Treatment Evaluation (Oxford and Edinburgh: James Lind Library, 2012), http://www.jameslindlibrary.org/articles/hippocrates-timeless-still/.

4. David K. Osborne, 'Hippocrates: father of medicine', *Greek Medicine.net*, 2015, http://www.greekmedicine.net/whos_who/Hippocrates.html.

5. Richard Colgan, 'Is there room for art in evidence-based medicine?', *AMA Journal of Ethics*, Virtual Mentor 13: 1, Jan. 2011, pp. 52–4, http://journalofethics.ama-assn.org/2011/01/msoc1-1101.html.

6. Joseph Needham, *Science and Civilization in China*, vol. 6, *Biology and Biological Technology, part VI, Medicine*, ed. Nathan Sivin (Cambridge: Cambridge University Press, 2004), p. 143, https://monoskop.org/images/1/16/Needham_Joseph_Science_and_Civilisation_in_China_Vol_6-6_Biology_and_Biological_Technology_Medicine.pdf.

7. 'Ignaz Semmelweis', *Brought to Life: Exploring the History of Medicine* (London: Science Museum n.d.), http://broughttolife.sciencemuseum.org.uk/broughttolife/people/ignazsemmelweis.

8. 貝克之語引自私下通訊內容。

9. Joann G. Elmore, Gary M. Longton, Patricia A. Carney, Berta M. Geller, Tracy Onega, Anna N. A. Tosteson, Heidi D. Nelson, Margaret S. Pepe, Kimberly H. Allison, Stuart J. Schnitt, Frances P. O'Malley and Donald L. Weaver, 'Diagnostic concordance among pathologists interpreting breast biopsy specimens', *Journal of the American Medical Association*, vol. 313, no. 11, 17 March 2015, 1122–32, https://jamanetwork.com/journals/jama/fullarticle/2203798.

10. 同前註。

11. 「類神經網路」一詞得名自類比大腦內部的情形。在大腦內部，數十億神經元以巨大的網路彼此連結。每一個神經元都在聽取其連結網路，每發覺有另一個神經元被激發興奮，就送出一個訊號。這個訊號接著又激發其他正在聽取的神經元興奮。

類神經網路是比人腦簡單得多也有秩序得多的版本。其（人工）神經元採分層結構，每一層的所有神經元都在聽取前一層的所有神經元。在我們這個狗的例子裡，第一層是影像的個別畫素，接著幾層各有數千神經元，最後一層只有一個神經元，其輸出結果是所投入影像為狗之機率。

神經元的升級程序是所謂的「反向傳播演算法」（backpropagation algorithm）。我們從輸出該影像為狗之機率的最後一個神經元開始。就說我們投入的是一幅狗的影像好了，而該神經元預測該影像有百分之七十的機會為狗。它看著從前一層收到的訊號說道：「下一次收到像這樣的資訊，我會提高該影像為狗的機率。」接著，它對前一層每一個神經元說：「嘿，如果你們當初給我的是這個訊號，我就能做出更好的預測。」這些神經元個個看著它所輸入的訊號，並調整它們下一次的輸出方式。接著，這些神經元又告訴前一層應該送出什麼樣的訊號，依此類推，一層一層回到最開始。就是這種透過類神經網路反向傳播誤差的過程，讓它得到「反向傳播演算法」之名。

想知道更詳盡的類神經網路概論，以及如何建立和訓練，參見 Pedro Domingos, *The Master Algorithm: How the Quest for the Ultimate Learning Machine Will Remake Our World* (New York: Basic Books, 2015)。

12. Alex Krizhevsky, Ilya Sutskever and Geoffrey E. Hinton, 'ImageNet classification with deep convolutional neural networks', in F. Pereira, C. J. C. Burges, L. Bottou and K. Q. Weinberger, eds, *Advances in Neural Information Processing Systems 25* (La Jolla, CA, Neural Information Processing Systems Foundation, 2012), pp. 1097–1105, http://papers.nips.cc/paper/4824-imagenet-classification-with-deep-convolutional-neural-networks.pdf. 這種演算法就是所謂的卷積神經網路（convolutional neural network）。投入給演算法的不是整幅影像，而是先應用眾多不同的過

濾器（filter），依圖片扭曲形態尋找局部模式。

13. Marco Tulio Ribeiro, Sameer Singh and Carlos Guestrin, '"Why should I trust you?" Explaining the predictions of any classifier', *Proceedings of the 22nd ACM SIGKDD International Conference on Knowledge Discovery and Data Mining*, San Francisco, 2016, pp. 1135–44, http://www.kdd.org/kdd2016/papers/files/rfp0573-ribeiroA.pdf.

14. 這就好比是專家小組評估，其集體分析被視為玻片內容的「正確答案」。

15. Trafton Drew, Melissa L. H. Vo and Jeremy M. Wolfe, 'The invisible gorilla strikes again: sustained inattentional blindness in expert observers', *Psychological Science*, vol. 24, no. 9, Sept. 2013, pp. 1848–53, https://www.ncbi.nlm.nih.gov/pmc/articles/PMC3964612/.

16. 大猩猩位於該影像右上邊。

17. Yun Liu, Krishna Gadepalli, Mohammad Norouzi, George E. Dahl, Timo Kohlberger, Aleksey Boyko, Subhashini Venugopalan, Aleksei Timofeev, Philip Q. Nelson, Greg S. Corrado, Jason D. Hipp, Lily Peng and Martin C. Stumpe, 'Detecting cancer metastases on gigapixel pathology images', Cornell University Library, 8 March 2017, https://arxiv.org/abs/1703.02442.

18. Dayong Wang, Aditya Khosla, Rishab Gargeya, Humayun Irshad and Andrew H. Beck, 'Deep learning for identifying metastatic breast cancer', Cornell University Library, 18 June 2016, https://arxiv.org/abs/1606.05718.

19. David A. Snowdon, 'The Nun Study', *Boletin de LAZOS de la Asociación Alzheimer de Monterrey*, vol. 4, no. 22, 2000; D. A. Snowdon, 'Healthy aging and dementia: findings from the Nun Study', *Annals of Internal Medicine*, vol. 139, no. 5, Sept. 2003, pp. 450–54.

20. 觀念密度——語言複雜度的代表——得自計算修女在每十個字組成的字串中有多少個獨特觀念。這裡有一個滿好的概述：Associated Press, 'Study of nuns links early verbal skills to Alzheimer's, *Los Angeles Times*, 21 Feb.

1996, http://articles.latimes.com/1996-02-21/news/mn-38356_1_alzheimer-nuns-studied。

21. Maja Nielsen, Jørn Jensen and Johan Andersen, 'Pre-cancerous and cancerous breast lesions during lifetime and at autopsy: a study of 83 women', *Cancer*, vol. 54, no. 4, 1984, pp. 612–15, http://onlinelibrary.wiley.com/wol1/doi/10.1002/1097-0142(1984)54:4%3C612::AID-CNCR2820540403%3E3.0.CO;2-B/abstract.

22. H. Gilbert Welch and William C. Black, 'Using autopsy series to estimate the disease "reservoir" for ductal carcinoma in situ of the breast: how much more breast cancer can we find?', *Annals of Internal Medicine*, vol. 127, no. 11, Dec. 1997, pp. 1023–8, www.vaoutcomes.org/papers/Autopsy_Series.pdf.

23. 要取得精確的統計很難，因為這因國家和族群而異（以及你的國家對乳癌篩檢有多積極）。有一篇不錯的總結，參見 http://www.cancerresearchuk.org/health-professional/cancer-statistics/statistics-by-cancer-type/breast-cancer。

24. 卡內夫斯基之語引自私下通訊內容。

25. 'Breakthrough method predicts risk of DCIS becoming invasive breast cancer', *Artemis*, May 2010, http://www.hopkinsbreastcenter.org/artemis/201005/3.html.

26. H. Gilbert Welch, Philip C. Prorok, A. James O'Malley and Barnett S. Kramer, 'Breast-cancer tumor size, overdiagnosis, and mammography screening effectiveness', *New England Journal of Medicine*, vol. 375, 2016, pp. 1438–47, http://www.nejm.org/doi/full/10.1056/NEJMoa1600249.

27. Independent UK Panel on Breast Cancer Screening, 'The benefits and harms of breast cancer screening: an independent review', *Lancet*, vol. 380, no. 9855, 30 Oct. 2012, pp. 1778–86, http://www.thelancet.com/journals/lancet/article/PIIS0140-6736(12)61611-0/abstract.

28. 私下通訊內容。

29. Andrew H. Beck, Ankur R. Sangoi, Samuel Leung, Robert J. Marinelli, Torsten O. Nielsen, Marc J. van de Vijver, Robert B. West, Matt van de Rijn and Daphne Koller, 'Systematic analysis of breast cancer morphology uncovers stromal features associated with survival', *Science Transitional Medicine*, 19 Dec. 2014, https://becklab.hms.harvard.edu/files/becklab/files/sci_transl_med-2011-beck-108ra113.pdf.

30. Phi Vu Tran, 'A fully convolutional neural network for cardiac segmentation in short-axis MRI', 27 April 2017, https://arxiv.org/pdf/1604.00494.pdf.

31. 'Emphysema', *Imaging Analytics*, Zebra Medical, https://www.zebra-med.com/algorithms/lungs/.

32. Eun-Jae Lee, Yong-Hwan Kim, Dong-Wha Kang et al., 'Deep into the brain: artificial intelligence in stroke imaging', *Journal of Stroke*, vol. 19, no. 3, 2017, pp. 277–85, https://www.ncbi.nlm.nih.gov/pmc/articles/PMC5647643/.

33. Taylor Kubota, 'Deep learning algorithm does as well as dermatologists in identifying skin cancer', *Stanford News*, 25 Jan. 2017, https://news.stanford.edu/2017/01/25/artificial-intelligence-used-identify-skin-cancer/.

34. Jo Best, 'IBM Watson: the inside story of how the *Jeopardy*-winning supercomputer was born, and what it wants to do next', *Tech Republic*, n.d., https://www.techrepublic.com/article/ibm-watson-the-inside-story-of-how-the-jeopardy-winning-supercomputer-was-born-and-what-it-wants-to-do-next/.

35. Jennings Brown, 'Why everyone is hating on IBM Watson, including the people who helped make it', *Gizmodo*, 14 Aug. 2017, https://www.gizmodo.com.au/2017/08/why-everyone-is-hating-on-watsonincluding-the-people-who-helped-make-it/.

36. https://www.theregister.co.uk/2017/02/20/watson_cancerbusting_trial_on_hold_after_damning_audit_report/.

37. Casey Ross and Ike Swetlitz, 'IBM pitched its Watson supercomputer as a revolution in cancer care. It's nowhere close', *STAT*, 5 Sept. 2017, https://www.statnews.com/2017/09/05/watson-ibm-cancer/.

38. Tomoko Otake, 'Big data used for rapid diagnosis of rare leukemia case in Japan', *Japan Times*, 11 Aug. 2016, https://www.japantimes.co.jp/news/2016/08/11/national/science-health/ibm-big-data-used-for-rapid-diagnosis-of-rare-leukemia-case-in-japan/#.Wf8S_hO0MQ8.
39. 'Researchers validate five new genes responsible for ALS', *Science Daily*, 1 Dec. 2017, https://www.sciencedaily.com/releases/2017/12/171201104101.htm.
40. John Freedman, 'A reality check for IBM's AI ambitions', *MIT Technology Review*, 27 June 2017.
41. *Asthma facts and statistics*, Asthma UK, 2016, https://www.asthma.org.uk/about/media/facts-and-statistics/; *Asthma in the US*, Centers for Disease Control and Prevention, May 2011, https://www.cdc.gov/vitalsigns/asthma/index.html.
42. 'Schoolgirl, 13, who died of asthma attack was making regular trips to A&E and running out of medication – but was NEVER referred to a specialist even when her lips turned blue, mother tells inquest', *Daily Mail*, 13 Oct. 2015, http://www.dailymail.co.uk/news/article-3270728/Schoolgirl-13-died-asthma-attack-not-referred-specialist-lips-turned-blue.html.
43. *My Data, My Care: How Better Use of Data Improves Health and Wellbeing* (London: Richmond Group of Charities, Jan. 2017), https://richmondgroupofcharities.org.uk/publications.
44. Terence Carney, 'Regulation 28: report to prevent future deaths'，塔瑪拉・米爾斯案的驗屍官報告，29 Oct. 2015, https://www.judiciary.gov.uk/publications/tamara-mills/。
45. Jamie Grierson and Alex Hern, 'Doctors using Snapchat to send patient scans to each other, panel finds', *Guardian*, 5 July 2017, https://www.theguardian.com/technology/2017/jul/05/doctors-using-snapchat-to-send-patient-scans-to-each-other-panel-finds.
46. 即使你把這些課題都解決了，有時候就是不存在這些資料。有數千種背後具遺傳因素、可以說是獨一無二的罕見疾病，醫生光是要辨認出這其中一種病情就有很大的難度，因為很多病例是他們之前從未見過的。全世界所有的演算法都沒辦法憑藉微不足道的樣本規模來解決這些課題。

47. Hal Hodson, 'Revealed: Google AI has access to huge haul of NHS patient data', *New Scientist*, 29 April 2016, https://www.newscientist.com/article/2086454-revealed-google-ai-has-access-to-huge-haul-of-nhs-patient-data/.

48. 事實上，很多人將這項所謂「法律上不恰當」的合約歸咎於倫敦皇家免費國民保健署信託基金，基金會大概是有點太急於要與全世界最負盛名的人工智慧公司合作。參見外洩給天空新聞台（Sky News）「英國國家數據監護機構」（National Data Guardian）的菲歐娜・蔻迪卡女爵士（Dame Fiona Caldicott）所寫的信：Alex Martin, 'Google received 1.6 million NHS patients' data on an "inappropriate legal basis"', Sky News, 15 May 2017, https://photos.google.com/share/AF1QipMdd5VTK0RNQ1AC3Dda1526CMG0vPD4P3x4x6_qmj0Zf101rbKyxfkfyputSPvqdA/photo/AF1QipP1_rnJMXkRyy3IuFHasilQHYEknKgnHFOFEy4T?key= U2pZUDM4bmo5RHhKYVptaDlkbEhfVFh4Rm1iVUVR。

49. Denis Campbell, 'Surgeons attack plans to delay treatment to obese patients and smokers', *Guardian*, 29 Nov. 2016, https://www.theguardian.com/society/2016/nov/29/surgeons-nhs-delay-treatment-obese-patients-smokers-york.

50. Nir Eyal, 'Denial of treatment to obese patients: the wrong policy on personal responsibility for health', *International Journal of Health Policy and Management*, vol. 1, no. 2, Aug. 2013, pp. 107–10, https://www.ncbi.nlm.nih.gov/pmc/articles/PMC3937915/.

51. 關於這些流程的描述，參見 http://galton.org/essays/1880-1889/galton-1884-jaigi-anthro-lab.pdf。

52. Francis Galton, 'On the Anthropometric Laboratory at the late international health exhibition', *Journal of the Anthropological Institute of Great Britain and Ireland*, vol. 14, 1885, pp. 205–21.

53. 'Taste', https://permalinks.23andme.com/pdf/samplereport_traits.pdf.

54. 'Sneezing on summer solstice?', *23andMeBlog*, 20 June 2012, https://blog.23andme.com/health-traits/sneezing-on-summer-solstice/.

55. 'Find out what your DNA says about your health, traits and ancestry', 23andMe, https://www.23andme.com/en-gb/dna-health-ancestry/.

56. Kristen v. Brown, '23andMe is selling your data but not how you think', *Gizmodo*, 14 April 2017, https://gizmodo.com/23andme-is-selling-your-data-but-not-how-you-think-1794340474.

57. Michael Grothaus, 'How23andMe is monetizing your DNA', *Fast Company*, 15 Jan. 2015, https://www.fastcompany.com/3040356/what-23andme-is-doing-with-all-that-dna.

58. Rob Stein, 'Found on the Web, with DNA: a boy's father', *Washington Post*, 13 Nov. 2005, http://www.washingtonpost.com/wp-dyn/content/article/2005/11/12/AR2005111200958.html.

59. 這名年輕男子檢測過他的ＤＮＡ之後獲知，他的Ｙ染色體上有一種特殊型——由父親傳給兒子——是兩個同姓氏的人（他父親那邊的遠親）也有的。有了這個姓氏，連同他父親的出生地和出生日期，就足以追查到他的父親。

60. M. Gymrek, A. L. McGuire, D. Golan, E. Halperin and Y. Erlich, 'Identifying personal genomes by surname inference', *Science*, vol. 339, no. 6117, Jan. 2013, pp. 321–4, https://www.ncbi.nlm.nih.gov/pubmed/23329047.

61. 目前沒有任何商用ＤＮＡ檢測套餐有做亨丁頓舞蹈症的基因檢測。

62. Matthew Herper, '23andMe rides again: FDA clears genetic tests to predict disease risk', *Forbes*, 6 April 2017, https://www.forbes.com/sites/matthewherper/2017/04/06/23andme-rides-again-fda-clears-genetic-tests-to-predict-disease-risk/#302aea624fdc.

車輛

1. DARPA, *Grand Challenge 2004: Final Report* (Arlington, VA: Defence Advanced Research Projects Agency, 30 July 2004), http://www.esd.whs.mil/Portals/54/Documents/FOID/Reading%20Room/DARPA/15-F-0059_GC_2004_FINAL_RPT_7-30-2004.pdf.
2. *The Worldwide Guide to Movie Locations*, 7 Sept. 2014, http://www.movie-locations.com/movies/k/Kill_Bill_Vol_2.html#.WkYiqrTQoQ8.
3. Mariella Moon, *What you need to know about DARPA, the Pentagon's mad science divisio*n, Engadget, 7 July 2014, https://www.engadget.com/2014/07/07/darpa-explainer/.
4. DARPA, *Urban Challenge: Overview*, http://archive.darpa.mil/grandchallenge/overview.html.
5. Sebastian Thrun, 'Winning the DARPA Grand Challenge, 2 August 2006', *YouTube*, 8 Oct. 2007, https://www.youtube.com/watch?v=j8zj5lBpFTY.
6. DARPA, *Urban Challenge: Overview*.
7. 'DARPA Grand Challenge 2004 – road to . . .', *YouTube*, 22 Jan. 2014, https://www.youtube.com/watch?v=FaBJ5sPPmcI.
8. Alex Davies, 'An oral history of the DARPA Grand Challenge, the grueling robot race that launched the self-driving car', *Wired*, 8 March 2017, https://www.wired.com/story/darpa-grand-challenge-2004-oral-history/.
9. 'Desert race too tough for robots', BBC News, 15 March, 2004, http://news.bbc.co.uk/1/hi/technology/3512270.stm.
10. Davies, 'An oral history of the DARPA Grand Challenge'.
11. Denise Chow, 'DARPA and drone cars: how the US military spawned self-driving car revolution', *LiveScience*, 21 March 2014, https://www.livescience.com/44272-darpa-self-driving-car-revolution.html.

12. Joseph Hooper, 'From Darpa Grand Challenge 2004 DARPA's debacle in the desert', *Popular Science*, 4 June 2004, https://www.popsci.com/scitech/article/2004-06/darpa-grand-challenge-2004darpas-debacle-desert.
13. Davies, 'An oral history of the DARPA Grand Challenge'.
14. DARPA, *Report to Congress: DARPA Prize Authority. Fiscal Year 2005 Report in Accordance with 10 U.S.C. 2374a*, March 2006, http://archive.darpa.mil/grandchallenge/docs/grand_challenge_2005_report_to_congress.pdf.
15. Alan Ohnsman, 'Bosch and Daimler to partner to get driverless taxis to market by early 2020s', *Forbes*, 4 April 2017, https://www.forbes.com/sites/alanohnsman/2017/04/04/bosch-and-daimler-partner-to-get-driverless-taxis-to-market-by-early-2020s/#306ec7e63c4b.
16. Ford, *Looking Further: Ford Will Have a Fully Autonomous Vehicle in Operation by 2021*, https://corporate.ford.com/innovation/autonomous-2021.html.
17. John Markoff, 'Should your driverless car hit a pedestrian to save your life?', *New York Times*, 23 June 2016, https://www.nytimes.com/2016/06/24/technology/should-your-driverless-car-hit-a-pedestrian-to-save-your-life.html.
18. Clive Thompson, Anna Wiener, Ferris Jabr, Rahawa Haile, Geoff Manaugh, Jamie Lauren Keiles, Jennifer Kahn and Malia Wollan, 'Full tilt: when 100 per cent of cars are autonomous', *New York Times*, 8 Nov. 2017, https://www.nytimes.com/interactive/2017/11/08/magazine/tech-design-autonomous-future-cars-100-percent-augmented-reality-policing.html#the-end-of-roadkill.
19. Peter Campbell, 'Trucks headed for a driverless future: unions warn that millions of drivers' jobs will be disrupted', *Financial Times*, 31 Jan. 2018, https://www.ft.com/content/7686ea3e-e0dd-11e7-a0d4-0944c5f49e46.
20. Markus Maurer, J. Christian Gerdes, Barbara Lenz and Hermann Winner, *Autonomous Driving: Technical, Legal and Social Aspects* (New York: Springer, May 2016), p 48.

21. Stephen Zavestoski and Julian Agyeman, *Incomplete Streets: Processes, Practices, and Possibilities* (London: Routledge, 2015), p. 29.

22. Maurer et al., *Autonomous Driving*, p. 53.

23. David Rooney, *Self-guided Cars* (London: Science Museum, 27 Aug. 2009), https://blog.sciencemuseum.org.uk/self-guided-cars/.

24. Blake Z. Rong, 'How Mercedes sees into the future', *Autoweek*, 22 Jan. 2014, http://autoweek.com/article/car-news/how-mercedes-sees-future.

25. Dean A. Pomerleau, *ALVINN: An Autonomous Land Vehicle In a Neural Network*, CMU-CS-89-107 (Pittsburgh: Carnegie Mellon University, Jan. 1989), http://repository.cmu.edu/cgi/viewcontent.cgi?article=2874&context=compsci.

26. Joshua Davis, 'Say hello to Stanley', *Wired*, 1 Jan. 2006, https://www.wired.com/2006/01/stanley/；更多細節參見 Dean A. Pomerleau, *Neural Network Perception for Mobile Robot Guidance* (New York: Springer, 2012), p. 52。

27. A. Filgueira, H. González-Jorge, S. Lagüela, L. Diaz-Vilariño and P. Arias, 'Quantifying the influence of rain in LiDAR performance', *Measurement*, vol. 95, Jan. 2017, pp. 143–8, DOI: https://doi.org/10.1016/j.measurement.2016.10.009; https://www.sciencedirect.com/science/article/pii/S0263224116305577.

28. Chris Williams, 'Stop lights, sunsets, junctions are tough work for Google's robo-cars', *The Register*, 24 Aug. 2016, https://www.theregister.co.uk/2016/08/24/google_self_driving_car_problems/.

29. Novatel, *IMU Errors and Their Effects*, https://www.novatel.com/assets/Documents/Bulletins/APN064.pdf.

30. 這個定理本身只是一道方程式，將給定某些觀察證據時某假說之機率，與給定該假說時這些證據之機率關聯起來。更詳盡的導論概述可見於 https://arbital.com/p/bayes_rule/?l=1zq。

31. Sharon Bertsch McGrayne, *The Theory That Would Not Die: How Bayes' Rule Cracked the Enigma Code, Hunted Down Russian Submarines, and Emerged Triumphant from Two Centuries of Controversy* (New Haven: Yale University Press, 2011).
32. M. Bayes and M. Price, *An Essay towards Solving a Problem in the Doctrine of Chances. By the Late Rev. Mr. Bayes, F.R.S. Communicated by Mr. Price, in a Letter to John Canton, A.M.F.R.S.* (1763)，上傳至 archive.org 2 Aug. 2011 的數位版本，https://archive.org/details/philtrans09948070。
33. Michael Taylor, 'Self-driving Mercedes-Benzes will prioritize occupant safety over pedestrians', *Car and Driver*, 7 Oct. 2016, https://blog.caranddriver.com/self-driving-mercedes-will-prioritize-occupant-safety-over-pedestrians/.
34. Jason Kottke, *Mercedes' Solution to the Trolley Problem*, Kottke.org, 24 Oct. 2016, https://kottke.org/16/10/mercedes-solution-to-the-trolley-problem.
35. Jean-François Bonnefon, Azim Shariff and Iyad Rahwan (2016), 'The social dilemma of autonomous vehicles', *Science*, vol. 35, 24 June 2016, DOI 10.1126/science.aaf2654; https://arxiv.org/pdf/1510.03346.pdf.
36. 紐曼之語全部引自私下通訊內容。
37. Naaman Zhou, 'Volvo admits its self-driving cars are confused by kangaroos', *Guardian*, 1 July 2017, https://www.theguardian.com/technology/2017/jul/01/volvo-admits-its-self-driving-cars-are-confused-by-kangaroos.
38. 斯蒂爾格之語全部引自私下通訊內容。
39. Jeff Sabatini, 'The one simple reason nobody is talking realistically about driverless cars', *Car and Driver*, Oct. 2017, https://www.caranddriver.com/features/the-one-reason-nobody-is-talking-realistically-about-driverless-cars-feature.
40. William Langewiesche, 'The human factor', *Vanity Fair*, 17 Sept. 2014, https://www.vanityfair.com/news/business/2014/10/air-france-flight-447-crash.

41. Bureau d'Enquêtes et d'Analyses pour la Sécuritié de l'Aviation Civile, *Final Report on the Accident on 1st June 2009 to the Airbus A330-203 registered F-GZCP operated by Air France Flight AF447 Rio de Janeiro – Paris*, Eng. edn (Paris, updated July 2012), https://www.bea.aero/docspa/2009/f-cp090601.en/pdf/f-cp090601.en.pdf.
42. 同前註。
43. Langewiesche, 'The human factor'.
44. 同前註。
45. Jeff Wise, 'What really happened aboard Air France 447', *Popular Mechanics*, 6 Dec. 2011, http://www.popularmechanics.com/flight/a3115/what-really-happened-aboard-air-france-447-6611877/.
46. Langewiesche, 'The human factor'.
47. Wise, 'What really happened aboard Air France 447'.
48. Lisanne Bainbridge, 'Ironies of automation', *Automatica*, vol. 19, no. 6, Nov. 1983, pp. 775–9, https://www.sciencedirect.com/science/article/pii/0005109883900468.
49. 同前註。
50. Alex Davies, 'Everyone wants a level 5 self-driving car – here's what that means', *Wired*, 26 July 2016.
51. Justin Hughes, 'Car autonomy levels explained', *The Drive*, 3 Nov. 2017, http://www.thedrive.com/sheetmetal/15724/what-are-these-levels-of-autonomy-anyway.
52. Bainbridge, 'Ironies of automation'.
53. Jack Stilgoe, 'Machine learning, social learning and the governance of self-driving cars', *Social Studies of Science*, vol. 48, no. 1, 2017, pp. 25–56.
54. Eric Tingwall, 'Where are autonomous cars right now? Four systems tested', *Car and Driver*, Oct. 2017, https://www.

caranddriver.com/features/where-are-autonomous-cars-right-now-four-systems-tested-feature.

55. Tracey Lindeman, 'Using an orange to fool Tesla's autopilot is probably a really bad idea', *Motherboard*, 16 Jan. 2018, https://motherboard.vice.com/en_us/article/a3na9p/tesla-autosteer-orange-hack.

56. Daisuke Wakabayashi, 'Uber's self-driving cars were struggling before Arizona Crash', *New York Times*, 23 March 2018, https://www.nytimes.com/2018/03/23/technology/uber-self-driving-cars-arizona.html.

57. Sam Levin, 'Video released of Uber self-driving crash that killed woman in Arizona', *Guardian*, 22 March 2018, https://www.theguardian.com/technology/2018/mar/22/video-released-of-uber-self-driving-crash-that-killed-woman-in-arizona.

58. Audi, *The Audi vision of autonomous driving*, Audi Newsroom, 11 Sept. 2017, https://media.audiusa.com/en-us/releases/184.

59. P. Morgan, C. Alford and G. Parkhurst, *Handover Issues in Autonomous Driving: A Literature Review. Project Report* (Bristol: University of the West of England, June 2016), http://eprints.uwe.ac.uk/29167/1/Venturer_WP5.2Lit%20ReviewHandover.pdf.

60. Langewiesche, 'The human factor'.

61. Evan Ackerman, 'Toyota's Gill Pratt on self-driving cars and the reality of full autonomy', *IEEE Spectrum*, 23 Jan. 2017, https://spectrum.ieee.org/cars-that-think/transportation/self-driving/toyota-gill-pratt-on-the-reality-of-full-autonomy.

62. Julia Pyper, 'Self-driving cars could cut greenhouse gas pollution', *Scientific American*, 15 Sept. 2014, https://www.scientificamerican.com/article/self-driving-cars-could-cut-greenhouse-gas-pollution/.

63. Raphael E. Stern et al., 'Dissipation of stop-and-go waves via control of autonomous vehicles: field experiments', *arX-*

iv: 1705.01693v1, 4 May 2017, https://arxiv.org/abs/1705.01693.

64. SomeJoe7777, 'Tesla Model S forward collision warning saves the day', *YouTube*, 19 Oct. 2016, https://www.youtube.com/watch?v=SnRp56XjV_M.
65. Jordan Golson and Dieter Bohn, 'All new Tesla cars now have hardware for "full self-driving capabilities": but some safety features will be disabled initially', *The Verge*, 19 Oct. 2016, https://www.theverge.com/2016/10/19/13340938/tesla-autopilot-update-model-3-elon-musk-update.
66. Fred Lambert, 'Tesla introduces first phase of "Enhanced Autopilot": "measured and cautious for next several hundred million miles" – release notes', *Electrek*, 1 Jan 2017, https://electrek.co/2017/01/01/tesla-enhanced-autopilot-release-notes/.
67. DPC Cars, 'Toyota Guardian and Chauffeur autonomous vehicle platform', *YouTube*, 27 Sept. 2017, https://www.youtube.com/watch?v=IMdceKGJ9Oc.
68. Brian Milligan, 'The most significant development since the safety belt', BBC News, 15 April 2018, http://www.bbc.co.uk/news/business-43752226.

犯罪

1. Bob Taylor, *Crimebuster: Inside the Minds of Britain's Most Evil Criminals* (London: Piatkus, 2002), ch. 9, 'A day out from jail'.
2. 同前註。
3. Nick Davies, 'Dangerous, in prison – but free to rape', *Guardian*, 5 Oct. 1999, https://www.theguardian.com/uk/1999/oct/05/nickdavies1.

4. João Medeiros, 'How geographic profiling helps find serial criminals', *Wired*, Nov. 2014, http://www.wired.co.uk/article/mapping-murder.
5. Nicole H. Rafter, ed., *The Origins of Criminology: A Reader* (Abingdon: Routledge, 2009), p. 271.
6. Luke Dormehl, *The Formula: How Algorithms Solve All Our Problems ... and Create More* (London: W. H. Allen, 2014), p. 117.
7. Dormehl, *The Formula*, p. 116.
8. D. Kim Rossmo, 'Geographic profiling', in Gerben Bruinsma and David Weisburd, eds, *Encyclopedia of Criminology and Criminal Justice* (New York: Springer, 2014), https://link.springer.com/referenceworkentry/10.1007%2F978-1-4614-5690-2_678.
9. 同前註。
10. João Medeiros, 'How geographic profiling helps find serial criminals'.
11. 同前註。
12. '"Sadistic" serial rapist sentenced to eight life terms', *Independent* (Ireland), 6 Oct. 1999, http://www.independent.ie/world-news/sadistic-serial-rapist-sentenced-to-eight-life-terms-26134260.html.
13. 同前註。
14. Steven C. Le Comber, D. Kim Rossmo, Ali N. Hassan, Douglas O. Fuller and John C. Beier, 'Geographic profiling as a novel spatial tool for targeting infectious disease control', *International Journal of Health Geographics*, vol. 10, no.1, 2011, p. 35, https://www.ncbi.nlm.nih.gov/pmc/articles/PMC3123167/.
15. Michelle V. Hauge, Mark D. Stevenson, D. Kim Rossmo and Steven C. Le Comber, 'Tagging Banksy: using geographic profiling to investigate a modern art mystery', *Journal of Spatial Science*, vol. 61, no. 1, 2016, pp. 185–90,

http://www.tandfonline.com/doi/abs/10.1080/14498596.2016.1138246.

16. Raymond Dussault, 'Jack Maple: betting on intelligence', *Government Technology*, 31 March 1999, http://www.govtech.com/featured/Jack-Maple-Betting-on-Intelligence.html.
17. 同前註。
18. 同前註。
19. Nicole Gelinas, 'How Bratton's NYPD saved the subway system', *New York Post*, 6 Aug. 2016, http://nypost.com/2016/08/06/how-brattons-nypd-saved-the-subway-system/.
20. Dussault, 'Jack Maple: betting on intelligence'.
21. Andrew Guthrie Ferguson, 'Predictive policing and reasonable suspicion', *Emory Law Journal*, vol. 62, no. 2, 2012, p. 259, http://law.emory.edu/elj/content/volume-62/issue-2/articles/predicting-policing-and-reasonable-suspicion.html.
22. Lawrence W. Sherman, Patrick R. Gartin and Michael E. Buerger, 'Hot spots of predatory crime: routine activities and the criminology of place', *Criminology*, vol. 27, no. 1, 1989, pp. 27–56, http://onlinelibrary.wiley.com/doi/10.1111/j.1745-9125.1989.tb00862.x/abstract.
23. Toby Davies and Shane D. Johnson, 'Examining the relationship between road structure and burglary risk via quantitative network analysis', *Journal of Quantitative Criminology*, vol. 31, no. 3, 2015, pp. 481–507, http://discovery.ucl.ac.uk/1456293/5/Johnson_art%253A10.1007%252Fs10940-014-9235-4.pdf.
24. Michael J. Frith, Shane D. Johnson and Hannah M. Fry, 'Role of the street network in burglars' spatial decision-making', *Criminology*, vol. 55, no. 2, 2017, pp. 344–76, http://onlinelibrary.wiley.com/doi/10.1111/1745-9125.12133/full.
25. Spencer Chainey, *Predictive Mapping* (Predictive Policing), JDI Brief (London: Jill Dando Institute of Security and

Crime Science, University College London, 2012), http://discovery.ucl.ac.uk/1344080/3/JDIBriefs_PredictiveMappingSChaineyApril2012.pdf.

26. 同前註。

27. 稍微澄清一下：預測警政演算法本身並未對大眾開放。我們這裡所指涉的實驗是由建立預測警政系統的同一批數學家進行，運用一種符合該專利軟體之描述的技術。所有線索都顯示，兩者是同樣的東西，但嚴格來說，我們無法**絕對**確定。

28. G. O. Mohler, M. B. Short, Sean Malinowski, Mark Johnson, G. E. Tita, Andrea L. Bertozzi and P. J. Brantingham, 'Randomized controlled field trials of predictive policing', *Journal of the American Statistical Association*, vol. 110, no. 512, 2015, pp. 1399–1411, http://www.tandfonline.com/doi/abs/10.1080/01621459.2015.1077710.

29. Kent Police Corporate Services Analysis Department, *PredPol Operational Review*, 2014, http://www.statewatch.org/docbin/uk-2014-kent-police-predpol-op-review.pdf.

30. Mohler et al., 'Randomized controlled field trials of predictive policing'.

31. Kent Police Corporate Services Analysis Department, *PredPol Operational Review: Initial Findings*, 2013, https://www.whatdotheyknow.com/request/181341/response/454199/attach/3/13%2010%20888%20Appendix.pdf.

32. Kent Police Corporate Services Analysis Department, *PredPol Operational Review*.

33. 這其實不是預測警政系統，而是一種簡單許多的演算法，也用上「標示」和「助長」效應的想法。參見 Matthew Fielding and Vincent Jones, 'Disrupting the optimal forager: predictive risk mapping and domestic burglary reduction in Trafford, Greater Manchester', *International Journal of Police Science and Management*, vol. 14, no. 1, 2012, pp. 30–41。

34. Joe Newbold, '"Predictive policing", "preventative policing" or "intelligence led policing". What is the future?'，華威

商學院（Warwick）ＭＢＡ課程評量所提輔導計畫，Warwick Business School, 2015。

35. 二〇一六年資料：COMPSTAT, *Citywide Profile 12/04/16–12/31/16*, http://assets.lapdonline.org/assets/pdf/123116cityprof.pdf。

36. Ronald V. Clarke and Mike Hough, *Crime and Police Effectiveness*, Home Office Research Study no. 79 (London: HMSO, 1984), https://archive.org/stream/op1276605-1001/op1276605-1001_djvu.txt，這個說法也出現在 Tom Gash, *Criminal: The Truth about Why People Do Bad Things* (London: Allen Lane, 2016)。

37. Kent Police Corporate Services Analysis Department, *PredPol Operational Review*.

38. PredPol, 'Recent examples of crime reduction', 2017, http://www.predpol.com/results/.

39. Aaron Shapiro, 'Reform predictive policing', *Nature*, vol. 541, no. 7638, 25 Jan. 2017, http://www.nature.com/news/reform-predictive-policing-1.21338.

40. Chicago Data Portal, Strategic Subject List, https://data.cityofchicago.org/Public-Safety/Strategic-Subject-List/4aki-r3np.

41. Jessica Saunders, Priscilla Hunt and John Hollywood, 'Predictions put into practice: a quasi-experimental evaluation of Chicago's predictive policing pilot', *Journal of Experimental Criminology*, vol. 12, no. 3, 2016, pp. 347–71.

42. Copblock, 'Innocent man arrested for robbery and assault, spends two months in Denver jail', 28 April 2015, https://www.copblock.org/122644/man-arrested-for-robbery-assault-he-didnt-commit-spends-two-months-in-denver-jail/.

43. 同前註。

44. Ava Kofman, 'How a facial recognition mismatch can ruin your life', *The Intercept*, 13 Oct. 2016.

45. 同前註。

46. Copblock, 'Denver police, "Don't f*ck with the biggest gang in Denver" before beating man wrongfully arrested –

TWICE!!', 30 Jan. 2016, https://www.copblock.org/152823/denver-police-fck-up-again/.

47. 事實上，塔利的故事甚至比我此處所做的摘要更折磨人。第一次被捕在牢裡度過兩個月之後，塔利無罪開釋。一年後——當時他住在收容所裡——他第二次被捕。這次罪名沒有撤銷，而且聯邦調查局的證詞對他不利。起訴他的這個案子最後不成立，銀行出納員知道塔利手上沒有她在搶匪越過櫃檯時看到的痣之後，在法庭上作證：「這不是搶劫我的傢伙。」塔利現在提告求償一千萬美元。完整紀錄參見 Kofman, 'How a facial recognition mismatch can ruin your life'。

48. Justin Huggler, 'Facial recognition software to catch terrorists being tested at Berlin station', *Telegraph*, 2 Aug. 2017, http://www.telegraph.co.uk/news/2017/08/02/facial-recognition-software-catch-terrorists-tested-berlin-station/.

49. David Kravets, 'Driver's license facial recognition tech leads to 4,000 New York arrests', *Ars Technica*, 22 Aug. 2017, https://arstechnica.com/tech-policy/2017/08/biometrics-leads-to-thousands-of-a-ny-arrests-for-fraud-identity-theft/.

50. Ruth Mosalski, 'The first arrest using facial recognition software has been made', *Wales Online*, 2 June 2017, http://www.walesonline.co.uk/news/local-news/first-arrest-using-facial-recognition-13126934.

51. Sebastian Anthony, 'UK police arrest man via automatic face recognition tech', *Ars Technica*, 6 June 2017, https://arstechnica.com/tech-policy/2017/06/police-automatic-face-recognition.

52. David White, Richard I. Kemp, Rob Jenkins, Michael Matheson and A. Mike Burton, 'Passport officers' errors in face matching', *PLOSOne*, 18 Aug. 2014, http://journals.plos.org/plosone/article?id=10.1371/journal.pone.0103510#s6.

53. Teghan Lucas and Maciej Henneberg, 'Are human faces unique? A metric approach to finding single individuals without duplicates in large samples', *Forensic Science International*, vol. 257, Dec. 2015, pp. 514e1–514.e6, http://www.sciencedirect.com/science/article/pii/S0379073815003758.

54. Zaria Gorvett, 'You are surprisingly likely to have a living doppelganger', BBC Future, 13 July 2016, http://www.bbc.

com/future/story/20160712-you-are-surprisingly-likely-to-have-a-living-doppelganger.

55. 'Eyewitness misidentification', The Innocence Project, https://www.innocenceproject.org/causes/eyewitness-misidentification.

56. Douglas Starr, 'Forensics gone wrong: when DNA snares the innocent', *Science*, 7 March 2016, http://www.sciencemag.org/news/2016/03/forensics-gone-wrong-when-dna-snares-innocent.

57. 這並不意味著 DNA 不可能指認錯誤——指認錯誤的情形的確曾發生；這只意味著你的陣營有一項利器，能讓這種情形盡可能少見。

58. Richard W. Vorder Bruegge, *Individualization of People from Images* (Quantico, Va., FBI Operational Technology Division, Forensic Audio, Video and Image Analysis Unit), 12 Dec. 2016, https://www.nist.gov/sites/default/files/documents/2016/12/12/vorderbruegge-face.pdf.

59. Lance Ulanoff, 'The iPhone X can't tell the difference between twins', *Mashable UK*, 31 Oct. 2017, http://mashable.com/2017/10/31/putting-iphone-x-face-id-to-twin-test/#A87kA26aAqqQ.

60. Kif Leswing, 'Apple says the iPhone X's facial recognition system isn't for kids', *Business Insider UK*, 27 Sept. 2017, http://uk.businessinsider.com/apple-says-the-iphone-xs-face-id-is-less-accurate-on-kids-under-13-2017-9.

61. Andy Greenberg, 'Watch a 10-year-old's face unlock his mom's iPhone X', *Wired*, 14 Nov. 2017, https://www.wired.com/story/10-year-old-face-id-unlocks-mothers-iphone-x/.

62. 'Bkav's new mask beats Face ID in "twin way": severity level raised, do not use Face ID in business transactions', Bkav Corporation, 27 Nov. 2017, http://www.bkav.com/dt/top-news/-/view_content/content/103968/bkav%EF%BF%BDs-new-mask-beats-face-id-in-twin-way-severity-level-raised-do-not-use-face-id-in-business-transactions.

63. Mahmood Sharif, Sruti Bhagavatula, Lujo Bauer and Michael Reiter, 'Accessorize to a crime: real and stealthy attacks

on state-of-the-art face recognition'，發表於 ACM SIGSAC Conference, 2016 的論文，https://www.cs.cmu.edu/~sbhagava/papers/face-rec-ccs16.pdf。

64. Ira Kemelmacher-Shlizerman, Steven M. Seitz, Daniel Miller and Evan Brossard, *The MegaFace Benchmark: 1 Million Faces for Recognition at Scale*, Computer Vision Foundation, 2015, https://arxiv.org/abs/1512.00596.

65. 'Half of all American adults are in a police face recognition database, new report finds'，喬治城大學法律中心（Georgetown Law）二〇一六年十月十八日新聞稿，https://www.law.georgetown.edu/news/press-releases/half-of-all-american-adults-are-in-a-police-face-recognition-database-new-report-finds.cfm。

66. Josh Chin and Liza Lin, 'China's all-seeing surveillance state is reading its citizens' faces', *Wall Street Journal*, 6 June 2017, https://www.wsj.com/articles/the-all-seeing-surveillance-state-feared-in-the-west-is-a-reality-in-china-1498493020.

67. Daniel Miller, Evan Brossard, Steven M. Seitz and Ira Kemelmacher-Shlizerman, *The MegaFace Benchmark: 1 Million Faces for Recognition at Scale*, 2015, https://arxiv.org/pdf/1505.02108.pdf.

68. 同前註。

69. MegaFace and MF2: Million-Scale Face Recognition, 'Most recent public results', 12 March 2017, http://megaface.cs.washington.edu/; 'Leading facial recognition platform Tencent YouTu Lab smashes records in MegaFace facial recognition challenge', Cision PR Newswire, 14 April 2017, http://www.prnewswire.com/news-releases/leading-facial-recognition-platform-tencent-youtu-lab-smashes-records-in-megaface-facial-recognition-challenge-300439812.html.

70. Dan Robson, 'Facial recognition a system problem gamblers can't beat?', *TheStar.com*, 12 Jan. 2011, https://www.thestar.com/news/gta/2011/01/12/facial_recognition_a_system_problem_gamblers_cant_beat.html.

71. British Retail Consortium, *2016 Retail Crime Survey* (London: BRC, Feb. 2017), https://brc.org.uk/

media/116348/10081-brc-retail-crime-survey-2016_all-graphics-latest.pdf.

72. D&D Daily, *The D&D Daily's 2016 Retail Violent Death Report*, 9 March 2017, http://www.d-ddaily.com/archivesdaily/DailySpecialReport03-09-17F.htm.

73. Joan Gurney, 'Walmart's use of facial recognition tech to spot shoplifters raises privacy concerns', iQ Metrix, 9 Nov. 2015, http://www.iqmetrix.com/blog/walmarts-use-of-facial-recognition-tech-to-spot-shoplifters-raises-privacy-concerns.

74. Andy Coghlan and James Randerson, 'How far should fingerprints be trusted?', *New Scientist*, 14 Sept. 2005, https://www.newscientist.com/article/dn8011-how-far-should-fingerprints-be-trusted/.

75. Phil Locke, 'Blood spatter – evidence?', *The Wrongful Convictions Blog*, 30 April 2012, https://wrongfulconvictionsblog.org/2012/04/30/blood-spatter-evidence/.

76. Michael Shermer, 'Can we trust crime forensics?', *Scientific American*, 1 Sept. 2015, https://www.scientificamerican.com/article/can-we-trust-crime-forensics/.

77. National Research Council of the National Academy of Sciences, *Strengthening Forensic Science in the United States: A Path Forward* (Washington DC: National Academies Press, 2009), p. 7, https://www.ncjrs.gov/pdffiles1/nij/grants/228091.pdf.

78. Colin Moynihan, 'Hammer attacker sentenced to 22 years in prison', *New York Times*, 19 July 2017, https://www.nytimes.com/2017/07/19/nyregion/hammer-attacker-sentenced-to-22-years-in-prison.html?mcubz=0.

79. Jeremy Tanner, 'David Baril charged in hammer attacks after police-involved shooting', *Pix11*, 14 May 2015, http://pix11.com/2015/05/14/david-baril-charged-in-hammer-attacks-after-police-involved-shooting/.

80. 'Long-time fugitive captured juggler was on the run for 14 years', FBI, 12 Aug. 2014, https://www.fbi.gov/news/sto

ries/long-time-fugitive-neil-stammer-captured.

81. Pei-Sze Cheng, 'I-Team: use of facial recognition technology expands as some question whether rules are keeping up', NBC *4NewYork*, 23 June 2015, http://www.nbcnewyork.com/news/local/Facial-Recognition-NYPD-Technology-Video-Camera-Police-Arrest-Surveillance-309359581.html.

82. Nate Berg, 'Predicting crime, LAPD-style', *Guardian*, 25 June 2014, https://www.theguardian.com/cities/2014/jun/25/predicting-crime-lapd-los-angeles-police-data-analysis-algorithm-minority-report.

藝術

1. Matthew J. Salganik, Peter Sheridan Dodds and Duncan J. Watts, 'Experimental study of inequality and unpredictability in an artificial cultural market', *Science*, vol. 311, 10 Feb. 2006, p. 854, DOI: 10.1126/science.1121066, https://www.princeton.edu/~mjs3/salganik_dodds_watts06_full.pdf.
2. http://www.princeton.edu/~mjs3/musiclab.shtml.
3. Kurt Kleiner, 'Your taste in music is shaped by the crowd', *New Scientist*, 9 Feb. 2006, https://www.newscientist.com/article/dn8702-your-taste-in-music-is-shaped-by-the-crowd/.
4. Bjorn Carey, 'The science of hit songs', *LiveScience*, 9 Feb. 2006, https://www.livescience.com/7016-science-hit-songs.html.
5. 'Vanilla, indeed', *True Music Facts Wednesday Blogspot*, 23 July 2014, http://truemusicfactswednesday.blogspot.co.uk/2014/07/tmfw-46-vanilla-indeed.html.
6. Matthew J. Salganik and Duncan J. Watts, 'Leading the herd astray: an experimental study of self-fulfilling prophecies in an artificial cultural market', *Social Psychology Quarterly*, vol. 74, no. 4, Fall 2008, p. 338, DOI: https://doi.

org/10.1177/019027250807100404.

7. S. Sinha and S. Raghavendra, 'Hollywood blockbusters and long-tailed distributions: an empirical study of the popularity of movies', *European Physical Journal B*, vol. 42, 2004, pp. 293–6, DOI: https://doi.org/10.1140/epjb/e2004-00382-7; http://econwpa.repec.org/eps/io/papers/0406/0406008.pdf.

8. '*John Carter*: analysis of a so-called flop: a look at the box office and critical reaction to Disney's early tentpole release *John Carter*', *WhatCulture*, http://whatculture.com/film/john-carter-analysis-of-a-so-called-flop.

9. J. Valenti, 'Motion pictures and their impact on society in the year 2000'，發表於 Midwest Research Institute, Kansas City 的演說，25 April 1978, p. 7。

10. William Goldman, *Adventures in the Screen Trade* (New York: Warner, 1983).

11. Sameet Sreenivasan, 'Quantitative analysis of the evolution of novelty in cinema through crowdsourced keywords', *Scientific Reports* 3, article no. 2758, 2013, updated 29 Jan. 2014, DOI: https://doi.org/10.1038/srep02758, https://www.nature.com/articles/srep02758.

12. Márton Mestyán, Taha Yasseri and János Kertész, 'Early prediction of movie box office success based on Wikipedia activity big data', *PLoS ONE*, 21 Aug. 2013, DOI: https://doi.org/10.1371/journal.pone.0071226.

13. Ramesh Sharda and Dursun Delen, 'Predicting box-office success of motion pictures with neural networks', *Expert Systems with Applications*, vol. 30, no. 2, 2006, pp. 243–4, DOI: https://doi.org/10.1016/j.eswa.2005.07.018; https://www.sciencedirect.com/science/article/pii/S0957417405001399.

14. Banksy NY, 'Banksy sells work for $60 in Central Park, New York – video', *Guardian*, 14 Oct. 2013, https://www.theguardian.com/artanddesign/video/2013/oct/14/banksy-central-park-new-york-video.

15. Bonhams, 'Lot 12 Banksy: Kids on Guns', 2 July 2014, http://www.bonhams.com/auctions/21829/lot/12/.

16. Charlie Brooker, 'Supposing . . . subversive genius Banksy is actually rubbish', *Guardian*, 22 Sept. 2006, https://www.theguardian.com/commentisfree/2006/sep/22/arts.visualarts.
17. Gene Weingarten, 'Pearls before breakfast: can one of the nation's greatest musicians cut through the fog of a DC rush hour? Let's find out', *Washington Post*, 8 April 2007, https://www.washingtonpost.com/lifestyle/magazine/pearls-before-breakfast-can-one-of-the-nations-great-musicians-cut-through-the-fog-of-a-dc-rush-hour-lets-find-out/2014/09/23/8a6d46da-4331-11e4-b47c-f5889e061e5f_story.html?utm_term=.a8c9b9922208.
18. 萊洛之語引自私下通訊內容。他提到的研究為：Matthias Mauch, Robert M. MacCallum, Mark Levy and Armand M. Leroi, 'The evolution of popular music: USA 1960–2010', *Royal Society Open Science*, 6 May 2015, DOI: https://doi.org/10.1098/rsos.150081。
19. 柯普之語引自私下通訊內容。
20. 這段引文經過刪節以求簡潔。參見 Douglas Hofstadter, *Gödel, Escher, Bach: An Eternal Golden Braid* (London: Penguin, 1979), p. 673。
21. George Johnson, 'Undiscovered Bach? No, a computer wrote it', *New York Times*, 11 Nov. 1997.
22. Benjamin Griffin and Harriet Elinor Smith, eds, *Autobiography of Mark Twain*, vol. 3 (Oakland, CA, and London, 2015), part 1, p. 103.
23. Leo Tolstoy, *What Is Art?* (London: Penguin, 1995; first publ. 1897).
24. Hofstadter, *Gödel, Escher, Bach*, p. 674.

結語

1. 伊布拉馨的故事參見 https://www.propublica.org/article/fbi-checked-wrong-box-rahinah-ibrahim-terrorism-watch-

list; https://alumni.stanford.edu/get/page/magazine/article/?article_id=66231 。

2. GenPact, *Don't underestimate importance of process in coming world of AI*, 14 Feb. 2018, http://www.genpact.com/insight/blog/dont-underestimate-importance-of-process-in-coming-world-of-ai.

科普漫遊 FQ2013

打開演算法黑箱
反噬的AI、走鐘的運算，當演算法出了錯，人類還能控制它嗎？

作　　者　漢娜・弗萊（Hannah Fry）
譯　　者　林志懋
副總編輯　劉麗真
主　　編　陳逸瑛、顧立平
封面設計　廖韡

發 行 人　凃玉雲
出　　版　臉譜出版
城邦文化事業股份有限公司
台北市中山區民生東路二段141號5樓
電話：886-2-25007696　傳真：886-2-25001952
發　　行　英屬蓋曼群島商家庭傳媒股份有限公司城邦分公司
台北市中山區民生東路二段141號11樓
客服服務專線：886-2-25007718；25007719
24小時傳真專線：886-2-25001990；25001991
服務時間：週一至週五上午09:30-12:00；下午13:30-17:00
劃撥帳號：19863813　戶名：書虫股份有限公司
讀者服務信箱：service@readingclub.com.tw
香港發行所　城邦（香港）出版集團有限公司
香港灣仔駱克道193號東超商業中心1樓
電話：852-25086231　傳真：852-25789337
馬新發行所　城邦（馬新）出版集團 Cité (M) Sdn Bhd
41-3, Jalan Radin Anum, Bandar Baru Sri Petaling, 57000 Kuala Lumpur, Malaysia
電話：603-90563833　傳真：603-90576622
E-mail: services@cite.my

初版一刷　2019年5月2日

城邦讀書花園
www.cite.com.tw

ISBN 978-986-235-747-7

定價：399元

國家圖書館出版品預行編目資料

打開演算法黑箱：反噬的AI、走鐘的運算，當演算法出了錯，人類還能控制它嗎？／漢娜．弗萊（Hannah Fry）著；林志懋譯. -- 初版. -- 臺北市 : 臉譜，城邦文化出版：家庭傳媒城邦分公司發行, 2019.05
面；　公分. --（科普漫遊；FQ2013）

譯自：Hello World: How to Be Human in the Age of the Machine

ISBN 978-986-235-747-7（平裝）

1. 演算法

318.1　　108005123